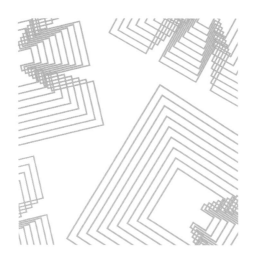

室内设计手绘表现

SHINEI SHEJI SHOUHUI BIAOXIAN

窦学武　张强基　编 著

课书房 高等院校设计类专业新形态系列教材
新/形/态/教/材 GAODENG YUANXIAO SHEJILEI ZHUANYE
XINXINGTAI XILIE JIAOCAI

重庆大学出版社

图书在版编目（CIP）数据

室内设计手绘表现 / 窦学武, 张强基主编. -- 重庆:
重庆大学出版社, 2023.1
高等院校设计类专业新形态系列教材
ISBN 978-7-5689-3610-1

Ⅰ.①室… Ⅱ.①窦… ②张… Ⅲ.①室内装饰设计—
绘画技法—高等学校—教材 Ⅳ.①TU204

中国版本图书馆CIP数据核字（2022）第247298号

高等院校设计类专业新形态系列教材
室内设计手绘表现
SHINEI SHEJI SHOUHUI BIAOXIAN

窦学武　张强基　编著
责任编辑：席远航　　装帧设计：品木文化
责任校对：关德强　　责任印制：赵　晟
∙∙
重庆大学出版社出版发行
出版人：饶帮华
社　　址：重庆市沙坪坝区大学城西路21号
邮　　编：401331
电　　话：（023）88617190　88617185（中小学）
传　　真：（023）88617186　88617166
网　　址：http://www.cqup.com.cn
邮　　箱：fxk@cqup.com.cn（营销中心）
全国新华书店经销
天津图文方嘉印刷有限公司印刷
∙∙
开本：787mm×1092mm　1/16　印张：9　字数：168千
2023年1月第1版　　2023年1月第1次印刷
ISBN 978-7-5689-3610-1　定价：49.00元

— 目录
CONTENTS

1|

基础知识

1.1 手绘表现所用工具

1.1.1 笔 类

1.1.1.1 线稿用笔

手绘线稿用笔有很多种，常用的有钢笔、针管笔和水性笔（图 1-1）。初学者建议用"晨光会议笔"。该笔为一次性水性笔，价格便宜，色水流畅，笔尖粗度 0.5。

图 1-1 线稿用笔

针管笔相对于水性笔贵，该笔适合于有一定手绘基础的同学，主要用于绘制细节。针管笔笔尖粗度有 0.05、0.1、0.2、0.3、0.5、0.8 等。针管笔常用牌子有樱花、三菱、宝克等。

常用的手绘钢笔有红环和 LAMY 等品牌。如果画建筑，建议用 M 号，M

号稍粗一些。画园林景观建议用 EF 号，EF 号稍细一些，也可根据个人的喜好选择。

1.1.1.2 马克笔

马克笔又称麦克笔，通常用来快速表现设计构思以及设计效果图，能迅速地表达设计思想和设计效果，是当前主要的设计绘图工具。

（1）按照墨水类型分类

①油性马克笔耐水、耐光、干得快，色彩柔和，颜色可叠加，但不宜使用次数过多。

②水性马克笔不耐水，遇水会洇开，有水彩的效果；颜色鲜艳透亮，有透明感；叠加处笔痕明显，不宜多次叠加，否则颜色会变脏变灰，使纸面起毛、破损。

③酒精马克笔耐水，快干，可在光滑表面书写，可用于绘图、书写、记号、pop 广告等。酒精马克笔易挥发，使用后要盖紧笔帽，并要远离火源，防止日晒。

（2）按照笔芯形状分类

①细头形马克笔适用于精细描绘和特殊笔触。

②平口形马克笔笔头扁宽、较硬，适用于大面积着色及写大型字体。

③圆头形马克笔笔头两端呈圆形、较软，旋转笔头可画出粗细不同的线条。

④方尖形马克笔又名刀型马克笔。

⑤软尖形马克笔类似毛笔尖，能画出软笔的效果。

（3）常用的产品种类

①美国 AD 单头尖，笔头的一端更尖一些，弹性非常好且不易磨损，墨水含量高。笔头整体比其他笔头宽，易于铺色。该笔颜色鲜艳，饱和度、纯度都很高，且保存时间长，时间久了也不会褪色（图 1-2）。

②日本美辉 T8 双头马克笔色相准确，颜色明亮、清透、纯净，密封性好，墨水颜料溶剂为无毒环保优质酒精（图 1-3）。

图 1-2　马克笔（AD）油性　　　　　图 1-3　马克笔（美辉）油性

（4）使用马克笔时的注意事项

初学者在用马克笔表现时，应注意以下几点：

①用笔时，笔尖紧贴纸面，与纸面形成45°角。排笔的时候用力均匀，两笔之间重叠的部分宽度尽量一致。

②由于马克笔的覆盖能力弱，所以建议先画浅色后画重色，注意整个画面的色彩和谐。

③颜色上可以夸张，凸显主体，使画面更有冲击力，吸引眼球。

④笔法上要有紧有松，有收有放，让画面看起来有张力，有张力不代表画面松散，可用排笔、点笔、跳笔、晕化、留白等多种表现方法。画面大多以排线为主，用线排成面，线条的疏密表现明暗；线条方向一般按照透视线走，使画面更具有立体感、空间感。

⑤除了晕化外，用笔的遍数不宜过多，第一遍颜色干透后，再进行第二遍上色，并要以"线""形"训练快、准、稳。

⑥彩铅可作为马克笔的辅助工具，增加层次，过渡颜色，丰富色彩。

1.1.1.3 彩色铅笔

彩色铅笔（图1-4）主要有以下几类。

水溶性的和蜡质的：水溶性的比较常用，特点是易溶于水，与水混合具有浸润感，画过之后可用毛笔蘸水融合画面，出现水彩的效果。蜡质的彩色铅笔以蜡为笔芯，相溶性不如水溶的彩色铅笔，适用于草图构思阶段。

软质的和硬质的：软质的颜色比较深且鲜艳，上色较快，容易出现笔触感；硬质的颜色较浅，削得很尖的时候可以画出笔触感，用于绘制很柔和的面。

图1-4 彩色铅笔

1.1.1.4 水彩笔

水彩画用笔一般要求含水量大，有一定的弹性。一些油画笔、水粉画笔不宜作水彩画笔。专用的水彩画笔分尖头、平头两种，大、中、小号都有，有羊毛和貂毛之分；还有一些国外进口的专用水彩画笔，价格较贵。对于初学者来说，不必过分追求画笔的专业性，一般选几支大小不同的平头竹竿水彩笔、两支白云笔、两支衣纹笔，就足够用了（图1-5至图1-8）。

图1-5　圆头水彩笔（奥文牌）

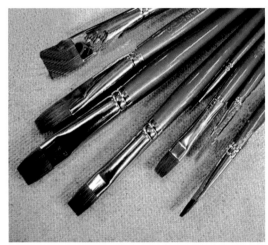

图1-6　扁头水彩笔（温莎牛顿牌）

图1-7　大白云笔

图1-8　衣纹笔

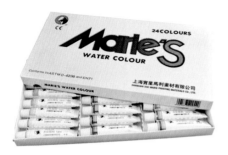

图 1-9　水彩颜料（马利牌）

图 1-10　水彩颜料（樱花牌）

图 1-11　绘图纸

图 1-12　复印纸（80 克以上）

1.1.2　水彩颜料

水彩画所用颜料一般是从植物、动物和矿物质中提取的，研磨成精细的粉状，加树胶、甘油和防腐剂合成。成品的水彩颜料商店有售，分块状包装和锡管装两种。现在通常使用的是锡管装的糊状颜料（图 1-9、图 1-10）。锡管装颜料有套色和单色盒装，初学者可先购买套色，经过一段时间绘画实践，对水彩有了一定的了解之后，再买单支颜料。因为实践中所用颜料数量不会一样多，用量大的可多买，用量少就少买，有些颜料可能根本用不上，就不买，避免浪费。

水彩颜色的透明性能不一，玫瑰红、紫红、群青、酞青蓝、普蓝、柠檬黄等是透明性能最好的；红、西洋红、深红、青莲、翠绿、深蓝次之；湖蓝、钴蓝、天蓝、草绿、浅绿、中绿、橄榄绿、朱红、土红、橘红、中黄、土黄、赭石、熟褐、黑、白等色透明度较差，是基本不透明的颜色。水彩颜色的透明度是相对的，不透明的颜色加水多了，也会成为透明的颜色。

1.1.3　图纸类

绘图常见的纸张有绘图纸、复印纸、草图纸、硫酸纸、彩色卡纸等（图 1-11 至图 1-15）。其中，绘图纸、复印纸多用于绘制效果图，用针管笔、钢笔画线稿，马克笔、彩铅上颜色。绘图纸常规尺寸是 A2。复印纸多用于画效果图，常用尺寸是 A3，课堂练习用 A4 就行。复印纸的品牌很多，要选稍厚的纸，克数应不少于 80 克，挑选的时候，尽量选白一些的，用针管笔画在纸面上不会洇，很多初学者也用复印纸当草稿纸来练习。

草图纸和硫酸纸多用于透稿（也就是描图），一般都是画在其他纸上，然后用硫酸纸蒙在上面，在拷贝时用。硫酸纸的最大作用是可以晒图，在制图过程中可用双面刀片刮去已绘制的图案进行修改。制图可以打印，也可以用专门的绘图笔绘图。也有用硫酸纸或草图纸上颜色的，效果也很好。

水彩画对用纸要求较高，一般选用专用水彩画纸。这种纸的表面有凹凸纹理，有粗、细纹，具有一定的软硬度和厚度，有适当的吸水性（图1–16）。质地过于松软的纸，如素描纸、宣纸，吸水性太强，着水后会透纸背，不宜选用。而过硬而滑的纸，如白板纸、绘图纸，附着力差，水色容易在纸面上流淌，不好控制，也不宜作为水彩画用纸。水彩纸有国产纸和进口纸。

彩色卡纸不常用，但当需要绘制特别效果的效果图时也会用到，如画夜景效果图，就可以直接用油漆笔在黑色卡纸上绘制。

常用纸张的尺寸如下。

A0：841 mm × 1189 mm

A1：594 mm × 841 mm

A2：420 mm × 594 mm

A3：297 mm × 420 mm

A4：210 mm × 297 mm

1.1.4　其他用具

画板：绘图板或胶合板都可作为画板，大小自定，一般在室内使用。

画夹：商店有售，也可自己制作，因携带方便，一般用于室外写生。

画凳：要求坚固易携带，室外写生使用。

提白笔：也包括修正液（大面积提白），主要是用在画效果图的最后阶段细节精准提白（图1–17）。

调色盒和洗笔水罐：调色盒是盛色和调色的器具。现在普遍采用的是一种塑料制的调色盒，它有盛色的深格，盒盖可以用来调色，使用方便。要注意盛好颜色的调色盒不能倒置或斜放，以免色彩相互混合造成污染。作画完毕应及时清洗盒盖，并用潮湿的海绵或湿布将盛色的格子盖上，关紧盒盖，以免颜料变干，不利于下次使用。洗笔水罐不宜太小，小水罐盛水少，会影响色彩的纯度。如果是在室外写生，可再备一个水瓶，用来更换水罐中的污水。玻璃瓶或瓷器因其易碎，不宜作为室外写生使用。

此外，刀子、橡皮、铅笔、胶带纸、海绵是画水彩时必不可少的工具。刀子用来裁纸、削铅笔，必要时也可用于刮画面上的颜色；橡皮用于擦掉起稿时的铅笔线；铅笔用于起稿，2B或3B的都可用，过硬的铅笔容易划伤纸面，应谨慎使用；胶带纸是把画纸固定到画板上的材料，用起来比较方便。

图 1-13　草图纸

图 1-14　硫酸纸

图 1-15　彩色卡纸

图 1-16　水彩纸

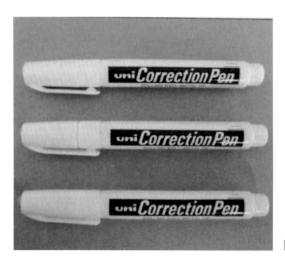

图 1-17　提白笔

1.1.5 辅助工具类

比例尺、平行尺、曲线板、椭圆模板、圆模板、蛇形尺、直尺、三角板等都是常见的辅助绘图工具（图 1-18）。

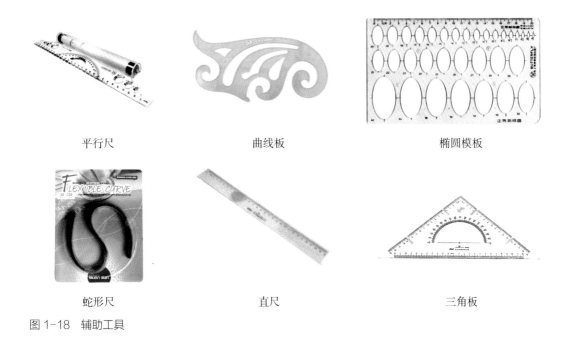

平行尺   曲线板   椭圆模板

蛇形尺   直尺   三角板

图 1-18　辅助工具

1.2 "线"和"形"的训练

1.2.1 线条的训练

在学习手绘之前，有必要先分析并了解手绘图的画面主要是由哪些元素所构成，而这些元素又是怎样被处理的。这些问题分析透彻了，掌握手绘图的画法也就不难了。

线条（包括点）是构成手绘图的基本单位，常见的线条有直线、曲线、自由线、乱线等。线条具有极强的表现力，不同类型的线条具有不同的性格特征，不同种类线条的运用，直接影响到画面的效果。绘制手绘图时，用笔应力求做到肯定、有力、流畅、自由。手绘图是以线条形式描绘对象，线条除了具有表现景物的形体轮廓及结构外，还可表现力量感、轻松感、凝重感、飘逸感等，具有美感特征的丰富内涵。也可通过线条的运用，将自己的艺术个性自然地流露在画面上。

1.2.1.1　线条的特点

钢笔（包括各类签字笔等）作为书写工具已被人们所熟悉，但作为绘画的工具，钢笔线条因不宜修改往往使人产生畏惧而导致不敢下笔。

在未采用钢笔作为绘画工具之前，初学者一般都会选用铅笔为工具。铅笔线条因受力和角度的使用不同，笔触会产生浓淡和粗细的变化，可以画出细腻柔和的渐变效果；并且其线条可以擦拭修改，反复描绘，所以初学者可以大胆使用（图1-19）。

图1-19　铅笔线条

图1-20　钢笔线条

图1-21

而钢笔线条（指普通钢笔、签字笔）不但不可以修改，而且从落笔到收笔，其线条始终保持着一致。可见，钢笔不会因使用者的力度和角度的不同而产生明显的粗细和浓淡变化（图1-20）。

从线条的比较中还可以发现，不确定、不自信的线条给人一种无力、松散的感觉。而当浑身用力描绘线条时，会产生有力、肯定、自信的线条，这种线条具有一定的张力，给人一种力量感（图1-21）。

因此，钢笔线条是靠同一粗细的线条来界定建筑的形象与结构，是一种高度概括的表现手法，并依靠线条的疏密组合以达到画面的虚实、主次等变化的艺术效果，而非依靠线条自身的浓淡变化。通过比较还可以得出，在使用钢笔时，即使用力不同也不会描绘出变化明显的线条。在学习线条的时候，首先要做到的就是敢于用笔，敢于去画，要力求做到以下几点：

①用笔时应做到肯定、有力，一气呵成，使描绘的线条流畅、生动，作画者不宜胆怯、不敢落笔（图1-22）。

②受力要均匀，线条的粗细从起始点到终端保持一致（图1-23）。

③描绘长线条时，要注意其衔接处。如果重叠，将产生明显的接头，若在画面中如果反复出现重叠，将直接影响到最终效果，所以线段衔接处宁断不叠（图1-24）。

④线条的交接处（指物体的界面或结构转折处），宜交叉重叠不宜断开。断开的线条，使所表现的物体结构松散，缺少严谨性（图1-25）。

⑤线条不宜分小段完成，也不宜出现往复描绘的情况（图1-26）。

⑥长线条中，可适当出现短线条，但整体画面不宜完全（或主要）依靠小段线条完成（图1-27）。

⑦描绘排列均匀的组线条时，应尽量保持速度缓慢、受力均匀、间隙一致（图1-28）。

⑧如果想画连贯的线条，需要一定的画线熟练度，并提高速度即可（图1-29）。

⑨若想得到随意性的线条，则需将速度再提快，所描绘的线条就会带有一定的随意性（图1-30）。

1.2.1.2　线条的组织

依靠同一粗细线条或不同粗细线条所产生的疏密组合、黑白搭配，会使画面产生主次、虚实、节奏、对比等艺术效果。线条的组合得当与否，直接影响着对物体形体的塑造。线条在画面中起着决定性的作用，所以线条的组合要有一定的规律。

在描绘明暗关系时，需要依靠线条的排列、交织以达到明暗的渐变。无序的线条给人感觉凌乱、松散（图1-31）；有序的线条使人感到整体性并具有节奏感（图1-32）。

线条的排列和交织要有一定的秩序和规律。缺少了秩序和规律，画面将显得凌乱无序，难以塑造出物体结构及空间关系；有秩序的排列线条使画面更加统一（图1-33至图1-37）。

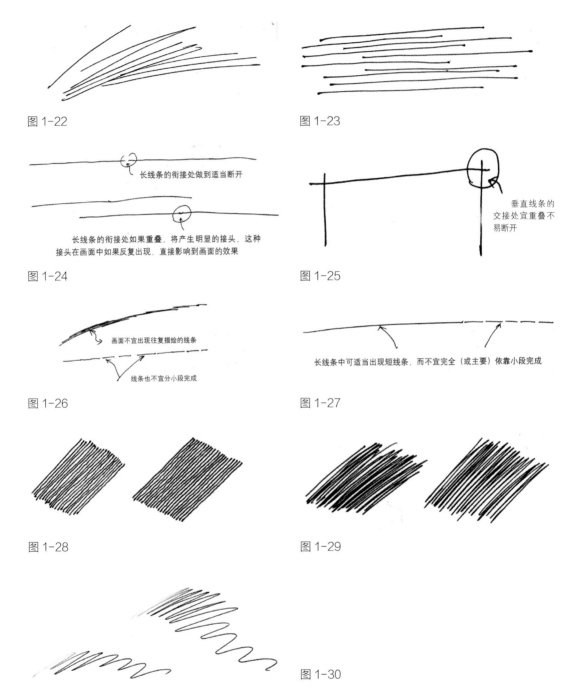

图 1-22

图 1-23

图 1-24

长线条的衔接处做到适当断开

长线条的衔接处如果重叠，将产生明显的接头，这种
接头在画面中如果反复出现，直接影响到画面的效果

图 1-25

垂直线条的
交接处宜重叠不
易断开

图 1-26

画面不宜出现往复描绘的线条

线条也不宜分小段完成

图 1-27

长线条中可适当出现短线条，而不宜完全（或主要）依靠小段完成

图 1-28

图 1-29

图 1-30

图 1-31

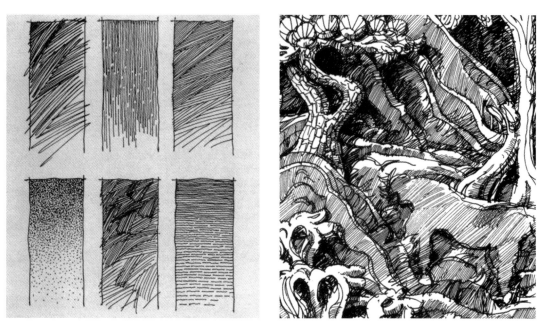

图 1-32

图 1-33

图 1-34

图 1-35 （作者：夏克梁）

图 1-36   图 1-37

1.2.2 形体的训练

设计描绘各种形体组合对于景物设计有着更为直接的帮助。很多景物造型都是由一些几何形体组合而成的。对于这些由各种几何形体组合而成的景物造型，只要平时注意多画一些石膏几何模型和静物，就会容易得多（图 1-38、图 1-39）。

身边的静物随处可见、随手可得，它们是画静物非常好的题材（图 1-40）。静物表现要求分析各种不同静物的造型及其特点，才会使静物画得更加动人。

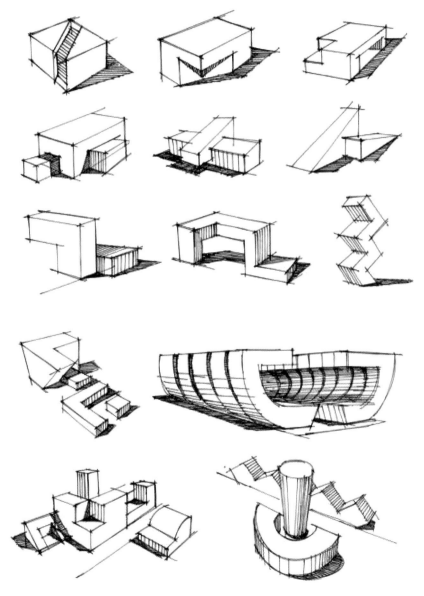

图 1-38　方形透视分解与组合

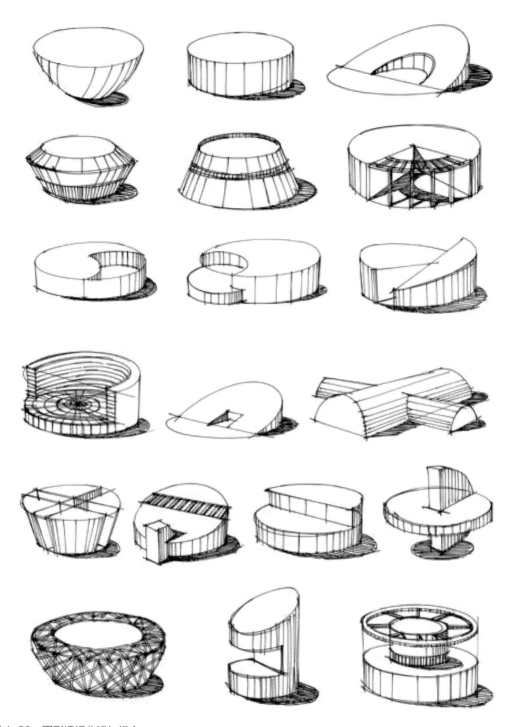

图 1-39　圆形透视分解与组合

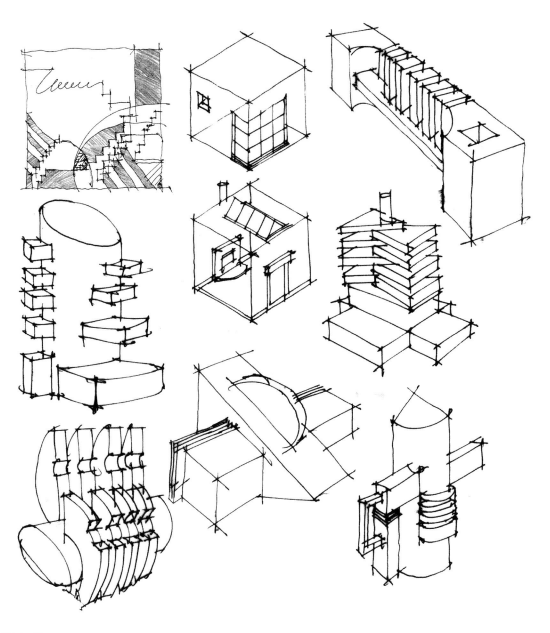

图 1-40

1.3 透视原理

1.3.1 一点透视

由于物体与作画平面（简称"画面"）相对位置的不同，物体长、宽、高三组主要方向的轮廓线与画面可能平行，也可能不平行。如果物体有两组主向轮廓线平行于画面，那么这两组轮廓线的透视线就不会有灭点，而第三组轮廓线就必然垂直于画面，其灭点就是心点 VC，这样画出的透视图称为一点透视（图1-41）。一点透视也叫平行透视，即物体向视平线上某一点消失（图1-42、图1-43）。

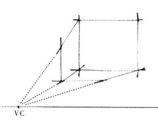

图 1-41 一点透视

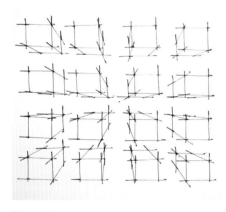

图 1-42

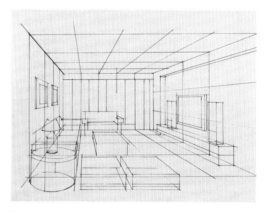

图 1-43

1.3.2 两点透视

两点透视也称为成角透视，即物体向视平线上某两点消失（图1-44）。物体的一组主向轮廓线平行于画面，另外两组主向轮廓线与画面形成一定的角度，并消失在视平线上，画面上有左右两个消失点的透视形式。

两点透视的画面效果自由活泼，能反映出物体的正侧两面，容易表现物体的体积感，两点透视在建筑室外徒手表现中应用较为广泛（图1-45、图1-46）。

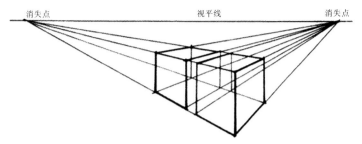

图 1-44　两点透视

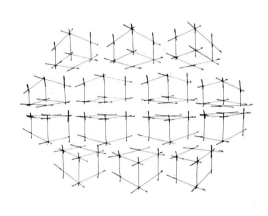

图 1-45

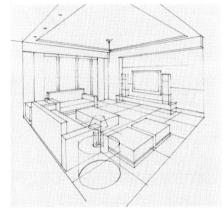

图 1-46

1.3.3　三点透视

　　三点透视一般用于超高层建筑的俯瞰图或仰视图（图 1-47）。仰视景物险峻高远，有开朗之感；俯视景物动荡欲覆，有深邃之感。

　　三点透视中的第三个消失点必须和画面保持垂直的主视线，必须使其和视角的二等分线保持一致（图 1-48）。

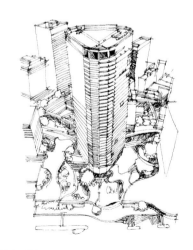

图 1-47

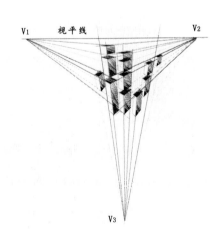

图 1-48　三点透视

1.3.4 透视在室内设计中的体现

室内设计中用到最多的是一点透视和两点透视（图 1-49 至图 1-51）。

表现同一空间可用不同的透视方法，图 1-50 和图 1-51 分别用"一点透视"和"两点透视"的方法来表现图 1-49 的空间效果。

可以看出，用"一点透视"的更简单，更易于理解和绘制（图 1-50），所有进深方向的透视线都汇聚于一个灭点，具有较好的空间感，画面效果平稳。而用"两点透视"表现的效果更具空间感，家具也更立体（图 1-51），但绘制的难度也会更大一些。

最终选择哪一种透视方法来绘制效果图，要根据自身的能力和画面效果的需要而定。

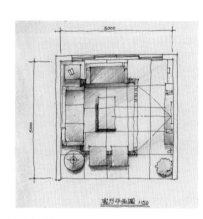

图 1-49

图 1-50

图 1-51

1.4　室内设计手绘常用技法

1.4.1　彩色铅笔技法

彩色铅笔基本画法比较单一，就是平涂和排线，这同时也是难点。使用彩铅作画时切忌心浮气躁，否则画出来的东西和儿童画无异。排线的时候应该老老实实用排线形成色块。常有人认为彩铅颜色少，这是因为不明白彩铅的半透明性，叠色和混色都可以组合出无数变化（图1-52、图1-53）。

因为彩色铅笔是半透明材料，所以应该按照先浅色后深色的顺序画，不可激进，否则画面容易深色上翻，缺乏深度。最后几次着色的时候可以把颜料颗粒用力压入纸面，这样画出的颜色可呈现些许混合状而且表面光滑（图1-54、图1-55）。

图1-52

图1-53

图 1-54

图 1-55

1.4.2 马克笔技法

马克笔是当前手绘设计表现最主流的上色工具，马克笔技法也是本书重点介绍和讲解的技法。它的特点是色彩干净、明快，对比效果突出，绘图时间快，易于练习和掌握。这些是马克笔最大的优点，所以要着眼于马克笔的优点，而不是用它来作为一种绘画工具。马克笔上色时，不必去追求那种柔和的过渡，也不必去追求那些所谓的"高级灰"，而是用已有的色彩，快速地表达出设计意图，让人可以很直观地理解设计想法即可。

马克笔上色讲究快、准、稳，与画线条的要点很像，不同的是它不需要起笔、运笔，而是在想好之后，直接画出来。从落笔到抬笔，不能有丝毫犹豫和停顿。用笔快，也是马克笔画法唯一的重点。马克笔色彩还具有叠加性，同一支笔在色彩叠加后会出现 2 ~ 3 种颜色，但是叠加通常不会超过 2 次。而同一个地方，也尽量不要画 3 层以上的马克笔，否则画面会很腻、很脏。马克笔的颜色有很多，初学者就使用国产的 touch 3 代即可，因为它性价比高，适合初学者拿来练手。等到熟练后再使用三福、AD 等高档马克笔。在此推荐 60 支 touch 马克笔的颜色（色号如下表所示）。选择马克笔的颜色，全部是按照红、橙、黄、绿、蓝、紫的色相，根据明度的不同来配的。也就是说无论哪一种颜色，都可以用马克笔表现幽亮、灰、暗三个素描层次。用马克笔或者彩铅的时候，都尽量不要选择纯度太高的颜色。马克笔的灰色根据色彩的冷暖关系，分为 VVG（暖灰）和 CG（冷灰），还有 BG（偏蓝色的灰）和 GG（偏绿色的灰）。这几种灰颜色是经常用到的。

touch 马克笔的色号

1	9	12	14	24	26
31	34	46	47	48	50
51	55	58	59	62	67
69	75	76	77	83	92
94	95	96	97	98	100
101	103	104	107	120	141
144	146	169	1/2	185	WG1
WG2	WG3	WG4	WG5	WG7	BG1
BG3	BG5	BG7	CG1	CG2	CG3
CG4	CG5	CG7	CG9	GG3	GG5

（1）马克笔初级技法（图1-56、图1-57）

平移：这是最常用的马克笔技法。下笔的时候，要把笔头完全压在纸面上，快速、果断地画出。抬笔的时候也不要犹豫，不要长时间停留在纸面上，否则纸上会出现很大的一个"头"。运笔要轻快，肯定，不发抖。这里一定要注意手腕的力度，不可过紧。画短笔触用手腕的力量，画长笔触用手肘的力量。

线：与用针管笔画线的感觉差不多，不需要起笔，线条也细。但凡用到马克笔画线条的时候，一定要很细。用宽笔头的笔尖来画（马克笔的细笔头基本没有用）。马克笔的线一般用于过渡。但是每层颜色过渡用的线不要多，一两根即可。多了就会显得很乱，过犹不及。

点：用马克笔画的点，主要用来处理一些特殊的物体（如植物、草地等），也可以用于过渡（同线的作用），使画面更加生动。在画点的时候，注意要将笔头完全贴于纸面。

（2）马克笔高级技法（图1-58至图1-64）

扫笔：扫笔就是在运笔的同时，快速地抬起笔，用笔触留下一条"尾巴"，多用于处理画面边缘或需要柔和过渡的地方。扫笔技法适用于浅颜色，重色扫笔时尾部很难衔接。

斜推：斜推的技法用于处理菱形的地方，可以利用调整笔头的斜度来处理出不同的宽度和斜度。

蹭笔：指用马克笔快速地来回蹭出一个面。这样画的地方质感过渡更柔和、更干净。

加重：加重一般用120号（黑色）马克笔来进行，主要作用是拉开画面层次，使形体更加清晰。加重通常使用在阴影处、物体暗部、交界线暗部、倒影处、特殊材质（玻璃、镜面等光滑材质）。需要注意的是，加黑颜色的时候要慎重，有时候需要很少量地加，否则会使画面色彩太重且无法修改。

提白：提白工具有修正液和提白笔两种。修正液用于较大面积提白，提白笔用于细节精准提白。提白的位置一般用在受光最多、最亮的地方，如光滑材质、水体、灯光、交界线亮部结构处。还有就是画面很闷的地方，可以点一点。但是高光提白不是万能的，不要用太多，否则画面会看起来很脏。要特别注意，提白笔的使用要在上彩铅之前，则不用修正液。用修正液的时候，尽量使其饱满一些。

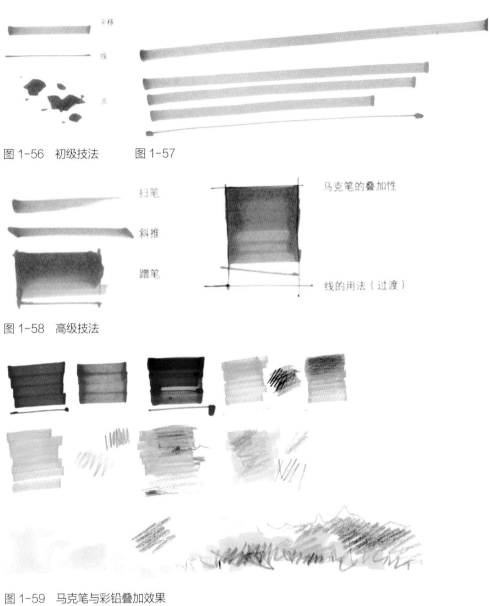

图 1-56　初级技法　　　图 1-57

图 1-58　高级技法

图 1-59　马克笔与彩铅叠加效果

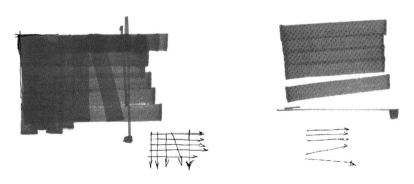

图 1-60　马克笔运笔叠加笔法

图 1-61　马克笔运笔渐变笔法

图 1-62　（作者：窦学武）

图 1-63　（作者：谢尘）

图 1-64　（作者：陈有原）

1.4.3　水彩技法

　　水彩的持水特点比较强,其关键在于用水、用色及用笔上,三者结合得恰到好处时,就能很好地表现出水彩画的特点(图1-65至图1-71)。水彩画的三大技法特点如下:

图 1-65

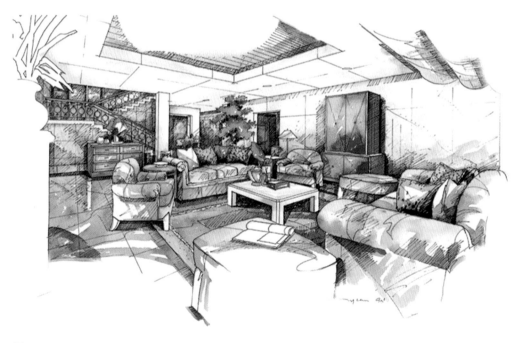

图 1-66

图 1-67

图 1-68

图 1-69

图 1-70　（作者：杨健）

图 1-71 （作者：杨健）

（1）用水

水的运用体现了水彩画最主要的特点，水彩画的调色不用白色，各种色彩深浅变化是靠水的多少来实现的。作画时，水分的多少要视需达到的画面效果而定，并且与所选纸张材料的吸水性能直接相关，气候的干湿也影响着水量多少的控制。

（2）用色

与其他色彩画相比，水彩画的色彩更注意概括提炼和简洁明了。另外还有重要的相关因素，首先要正确地观察色彩，提高色觉敏感度。作画时要重点掌握好画面色调；调色时避免颜色调过头，显得脏；画景物暗部时用色要纯一些。另外，应预料到水彩湿、干画法的最后效果会有较大深浅变化。关注好这几项因素，才能使画面产生理想的色调与色彩感觉。

（3）用笔

笔触是一幅完整的水彩画作品不可缺少的因素，用笔的好坏直接关系到作品的成败，它能够使作品活跃而富有表现力，使呆板的画面活泼生动。近处的物体显得详实，画时用笔水分稍干，对比清晰；远处的物体显得虚略，画时用笔水分较多，对比模糊，从而产生空间感。无论干笔还是湿笔，运笔的速度必须迅疾而果断有力。水彩画是加法，落笔无悔，用笔用色尽可能一步到位。

1.4.4 其他技法

除了以上技法外，手绘表现还有水粉技法、色粉笔技法、喷绘技法等。由于绘制速度比较慢或使用的工具条件等诸多因素限制，故在实际设计中比较少用。

（1）水粉表现

水粉颜料的特性就是具有可覆盖性，笔触可以一遍一遍地叠加，进行反复精细地刻画，区别于水彩颜料的透明特性（图1-72至图1-78）。

（2）喷绘表现

喷绘表现效果图需要的工具比较多，一般有喷笔、水粉颜料、喷泵、电源、遮挡板、界尺、毛笔等。受条件所限，这种技法使用率不高，现在很少见了。此技法的优点就是颜色过渡均匀，材质表达较准确，质感好（图1-79）。

图1-72 （作者：窦学武）

图 1-73

图 1-74

图 1-75   （作者：Jeremiah Goodman）

图 1-76 （作者：Jeremiah Goodman）

图 1-77 （作者：Jeremiah Goodman）

图 1-78 （作者：Jeremiah Goodman）

图 1-79

2|
技法技巧

室内家具单体的手绘表现技法
平面图、立面图、剖面图的表现技法
室内设计方案效果图的透视表现技法

2.1　室内家具单体的手绘表现技法

2.1.1　家具的画法解析

每个家具都可以抽象概括成一组几何形体，理解了几何形体之间的组合关系，画家具就变得容易了。

绘制沙发的一般步骤如图 2-1 所示。

绘制椅子的一般步骤如图 2-2 所示。

绘制床的一般步骤如图 2-3 所示。

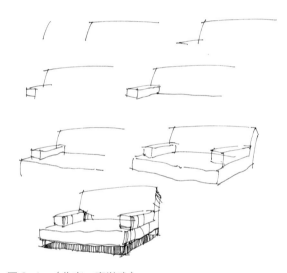

图 2-1　（作者：窦学武）

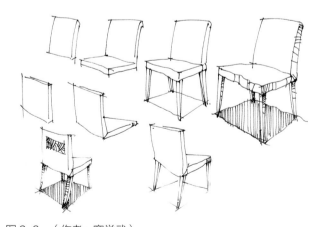

图 2-2　（作者：窦学武）

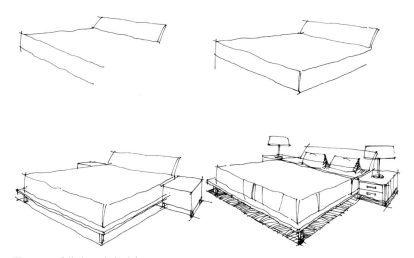

图 2-3　（作者：窦学武）

其他家具的画法如图 2-4 至图 2-14 所示。

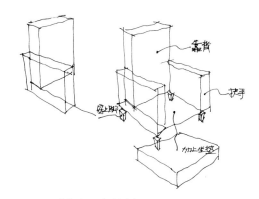

图 2-4　（作者：窦学武）

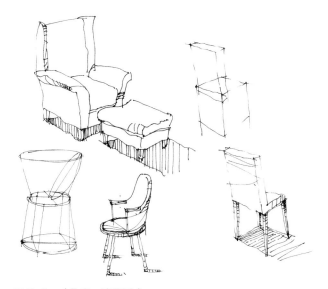

图 2-5　（作者：窦学武）

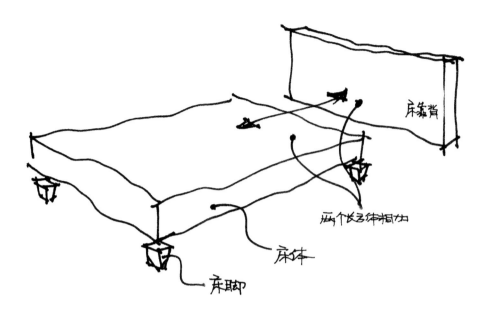

床靠背

两个长方体相加

床体

床脚

图2-6 （作者：窦学武）

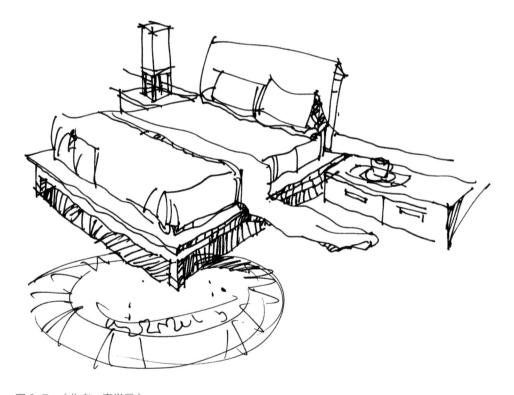

图2-7 （作者：窦学武）

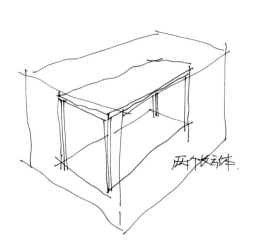

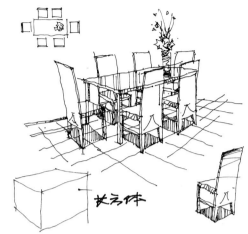

图 2-8 （作者：窦学武）

图 2-9 （作者：窦学武）

图 2-10 （作者：窦学武）

图2-11 （作者：窦学武）

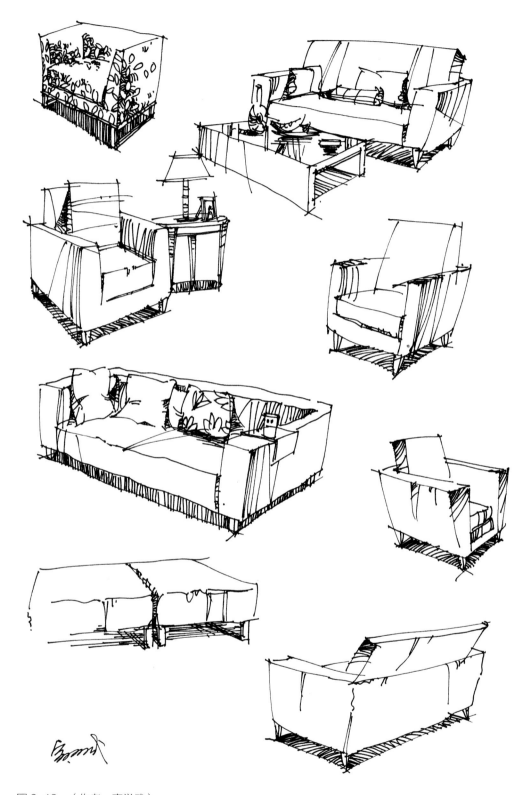

图 2-12 （作者：窦学武）

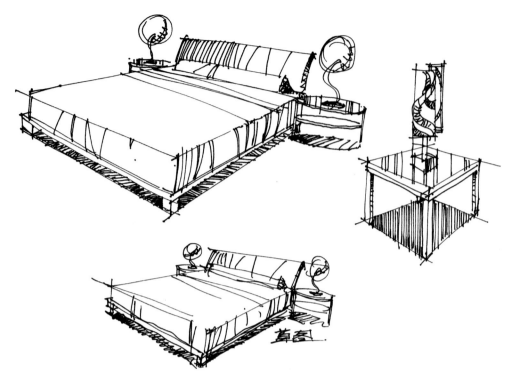

图 2-13 （作者：窦学武）

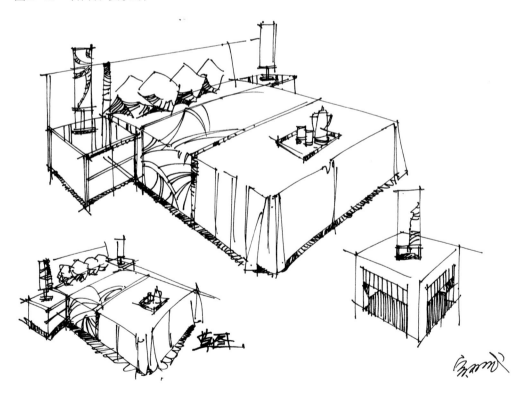

图 2-14 （作者：窦学武）

2.1.2 家具单体及组合的上色技法

画组合家具起笔很重要，一笔定乾坤，最好是一气呵成，意在笔先，不要过多地去思考，在表现过程中不忘全局的概念，不论陈设多复杂，都要"顾全大局"。

同时，画组合家具务必注意"环境色"的影响，如茶几对沙发、地毯颜色的影响。另外，一些配饰的颜色最好也选用环境中有的或接近的颜色，如花瓶与沙发颜色的呼应、抱枕与茶几颜色的呼应。

成组家具的表现如图 2-15 至图 2-26 所示。

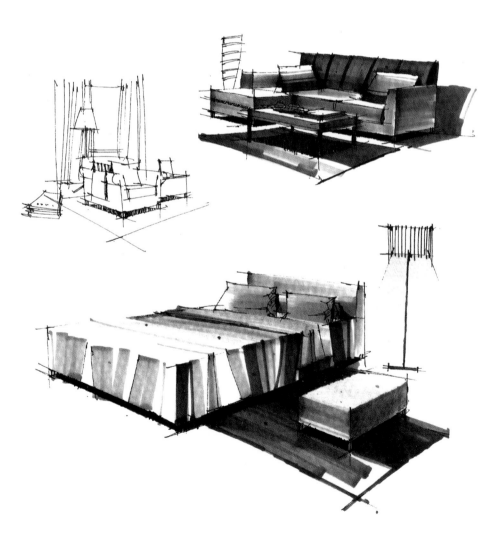

图 2-15 （作者：高贞友）

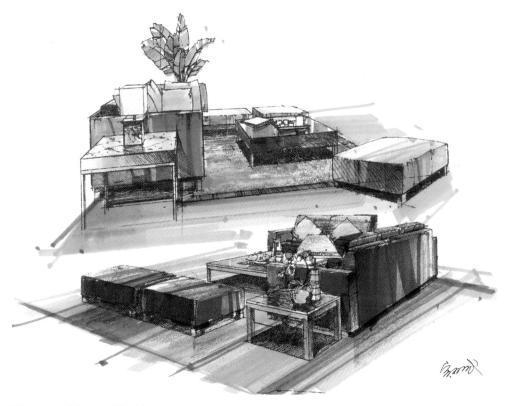

图 2-16 （作者：窦学武）

图 2-17 （作者：窦学武）

图 2-18 （作者：高贞友）

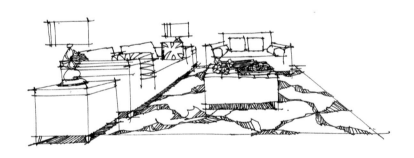

图 2-19 （作者：高贞友）

图 2-20 （作者：高贞友）

图 2-21 （作者：高贞友）

图 2-22 （作者：高贞友）

图 2-23 （作者：杨健）

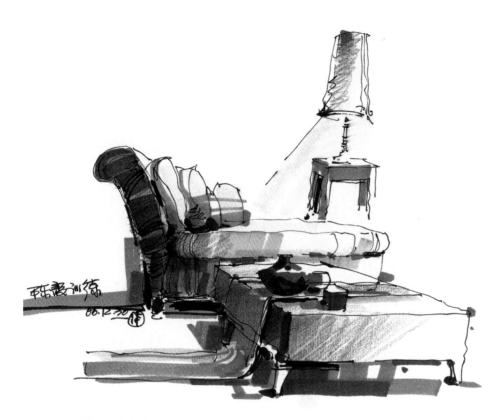

图 2-24 （作者：杨健）

图 2-25 （作者：杨健）

图 2-26 　（作者：杨健）

　　椅子的表现如图 2-27、图 2-28 所示。

　　传统欧式沙发的表现如图 2-29、图 2-30 所示。

　　中式家具的表现如图 2-31 至图 2-34 所示。

　　小饰物的表现如图 2-35、图 2-36 所示。

　　家电的表现如图 2-37、图 2-38 所示。

　　卫浴洁具的表现如图 2-39 至图 2-42 所示。

图 2-27 　（作者：杨健）

图 2-28 （作者：杨健）

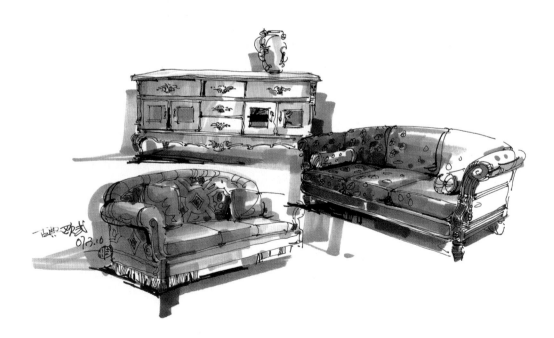

图 2-29 （作者：杨健）

图 2-30 （作者：杨健）

图 2-31 （作者：杨健）

图 2-32　（作者：杨健）

图 2-33　（作者：杨健）

图 2-34 （作者：杨健）

图 2-35 （作者：杨健）

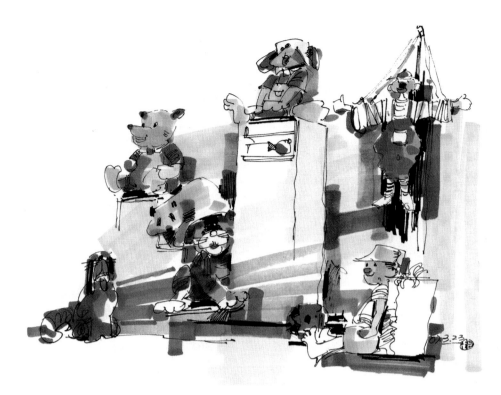

图 2-36　（作者：杨健）

图 2-37　（作者：杨健）

图 2-38 （作者：杨健）

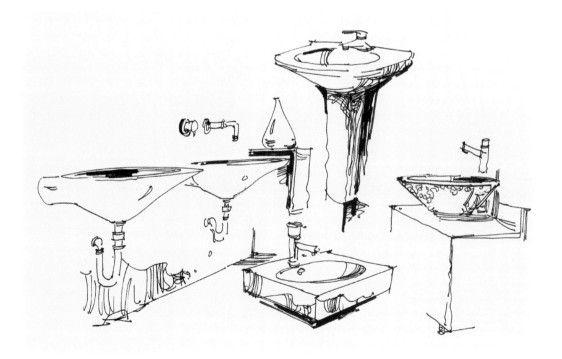

图 2-39 （作者：杨健）

图2-40 （作者：杨健）

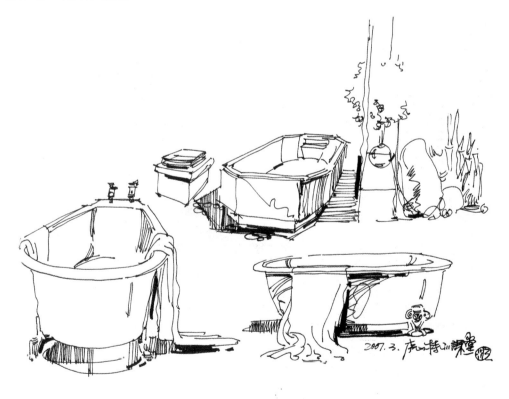

图2-41 （作者：杨健）

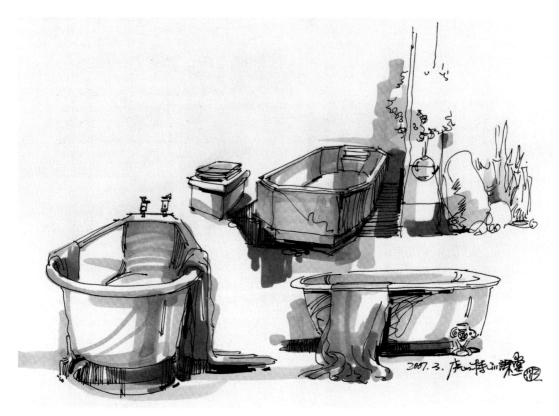

图 2-42 （作者：杨健）

2.2 平面图、立面图、剖面图的表现技法

2.2.1 室内设计方案平面图的手绘表现技法

首先，线条要放松，才更有艺术味、设计味。并不是看起来越直的线越好，毕竟不是在用尺规画图。其次，平面图上色，并不提倡完全涂满。一般以彩铅为主，再以寥寥几笔的马克笔为辅。要画出颜色的过渡效果，主要家具要画出投影，更显立体和突出。

下面以实际案例来说明平面图的画法。

案例一：广州某别墅室内设计方案

设计风格：建筑外观呈北美连体别墅的建筑风格，色彩鲜艳明快，室内空间以楼层划分各功能空间，分区明确，室内装饰以简约的装饰为主。

该建筑以楼层划分空间，首层为会客空间，跃式结构（图 2-43）。

二层主要为餐饮空间，并设有一观景平台，开放式的厨房使原各独立空间得以相互渗透（图 2-44）。

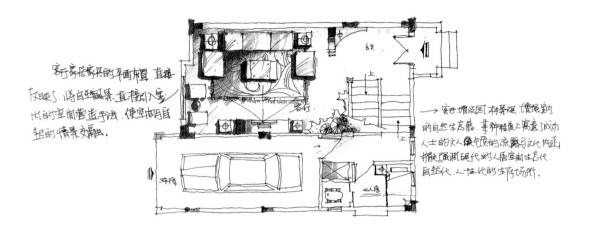

图 2-43　一层平面图　（作者：王少斌　林俊贵）

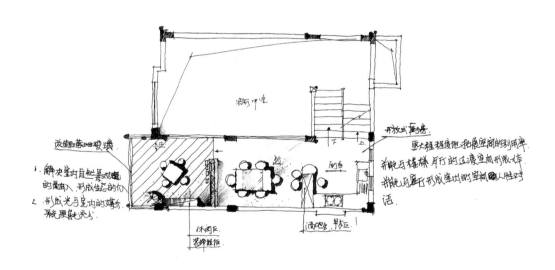

图 2-44　二层平面图　（作者：王少斌　林俊贵）

三层主要为卧室、书房，根据不同的功能要求，造就不同的空间布局（图2-45、图2-46）。

四层方案1为主卧套间，功能齐全，并以弧形空间处理，将各房间有机组合在一起（图2-47）。

四层方案2以推拉门分隔卧室与书房，使各空间既为一体，又相互独立。

案例二：广州东湖路陈先生别墅室内设计方案

面积：400 m²。

设计风格：在满足使用功能的前提下，注意延续广州西关大厦的建筑风格。本方案位于广州市东湖路，属于20世纪30年代别墅改造，建筑风格具有岭南特色，属文物保护范畴（图2-49至图2-53）。

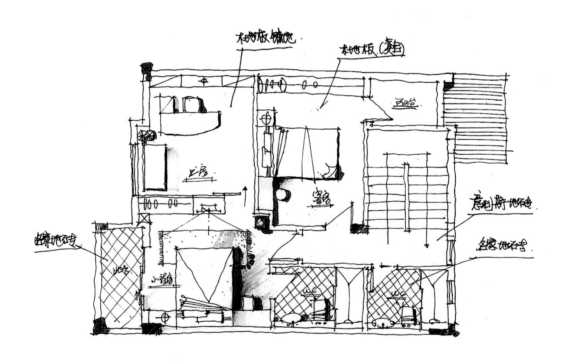

图2-45 三层方案1平面图 （作者：王少斌　林俊贵）

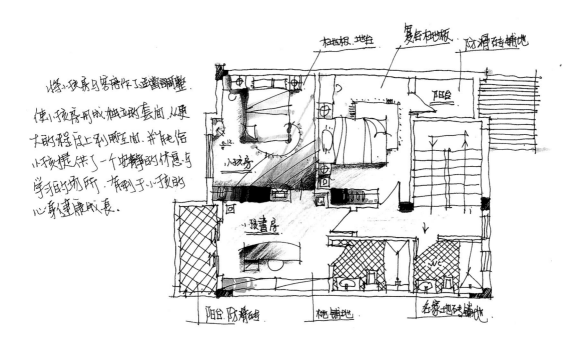

将小孩房与客房作了适当调整，使小孩房形成独立的套间，从更大的程度上利用空间，并能给小孩提供了一个安静的休息与学习的场所，有利于小孩的心身健康成长。

图2-46 三层方案2平面图 （作者：王少斌 林俊贵）

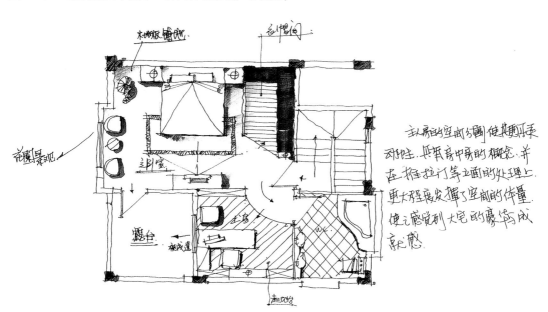

主人房的空间分割，使其更为舒适性，采其房中房的概念，并在推拉门等立面的处理上，更大程度地发挥了空间的体量，使之感觉到大宅的豪华与成就感。

图2-47 四层方案1平面图 （作者：王少斌 林俊贵）

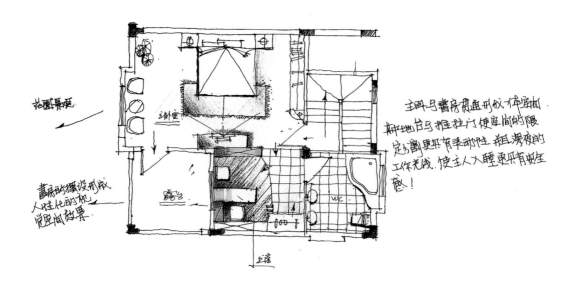

图2-48 四层方案2平面图 （作者：王少斌 林俊贵）

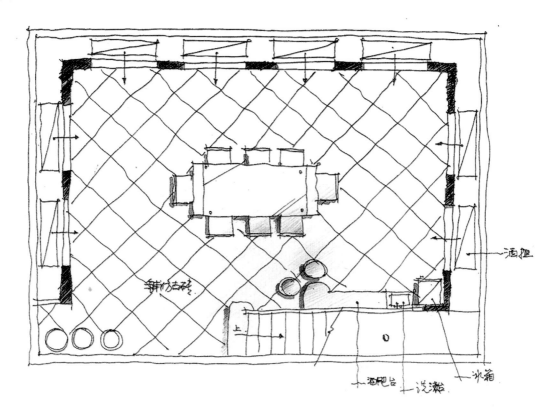

图2-49 地下层平面图 （作者：王少斌 林俊贵）

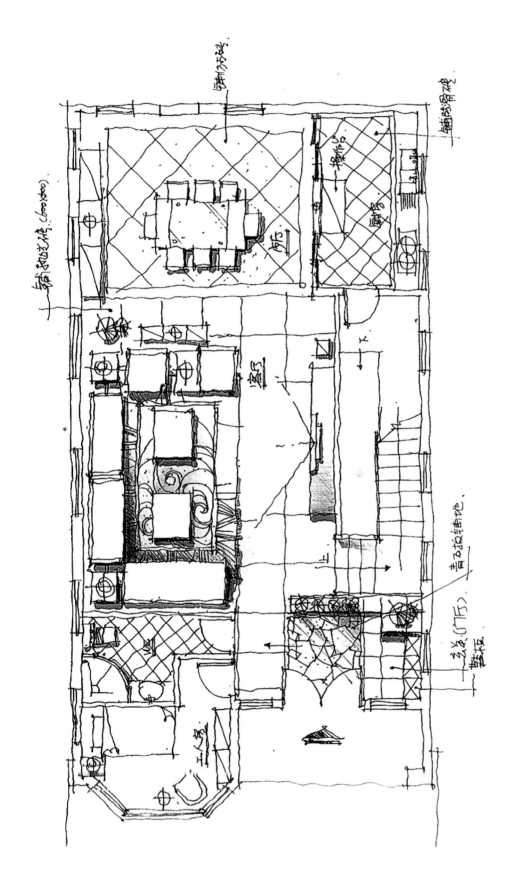

图2-50 一层平面图 （作者：王少斌 林俊贵）

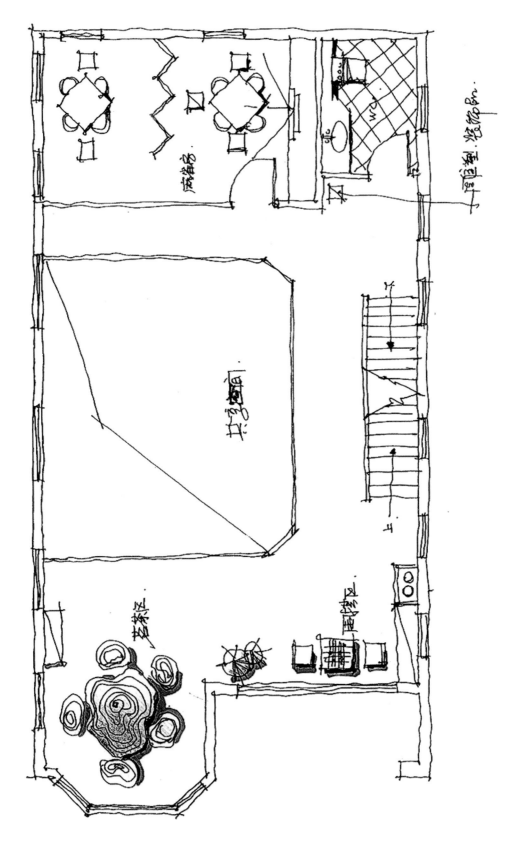

图2-51 二层平面图 （作者：王小斌 林俊贵）

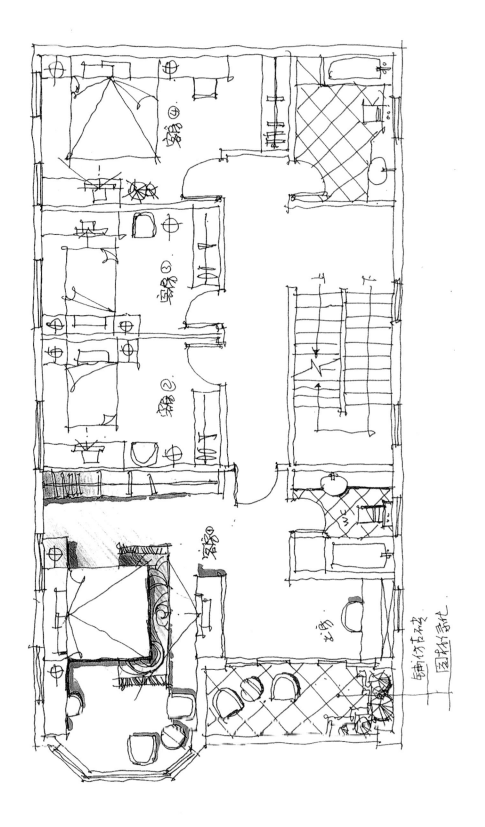

图2-52 三层平面图 （作者：王少斌 林俊贵）

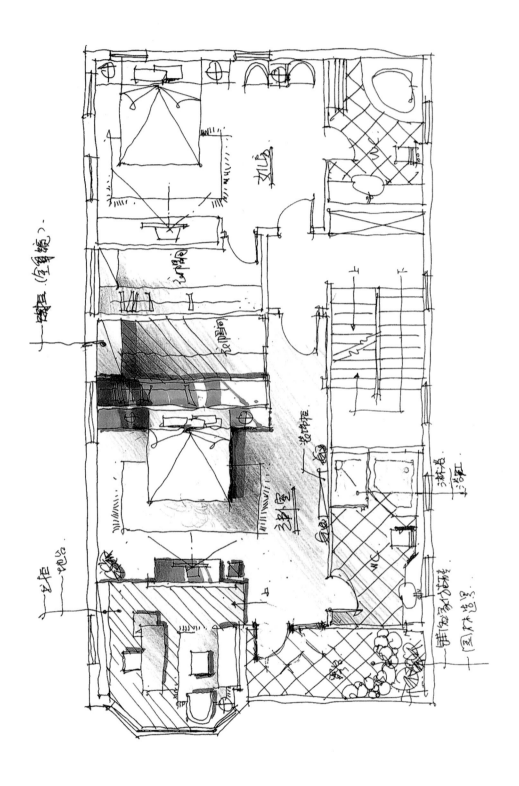

图 2-53 四层平面图 （作者：王小斌 林俊贵）

课后练习：

（1）把以下电脑设计的景观平面图绘成手绘彩色平面图。

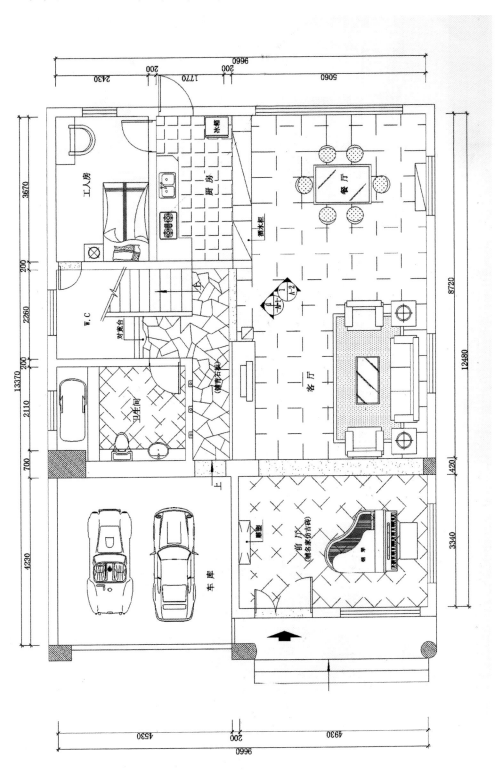

图2-54 一层平面图

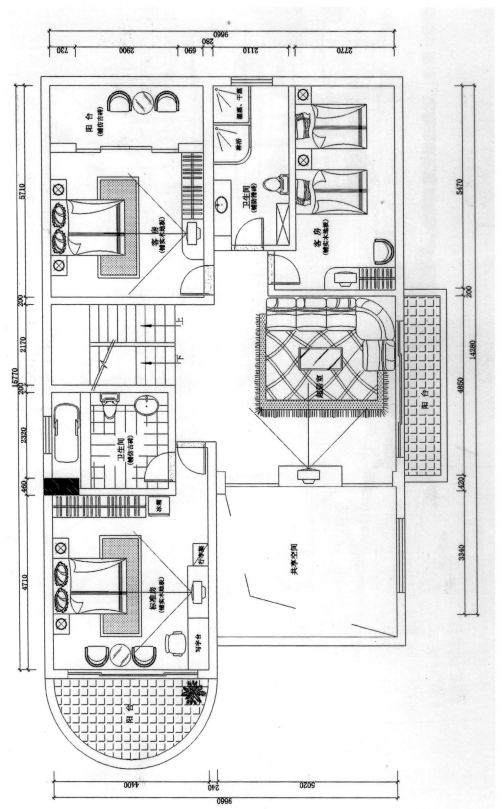

图2-55 二层平面图

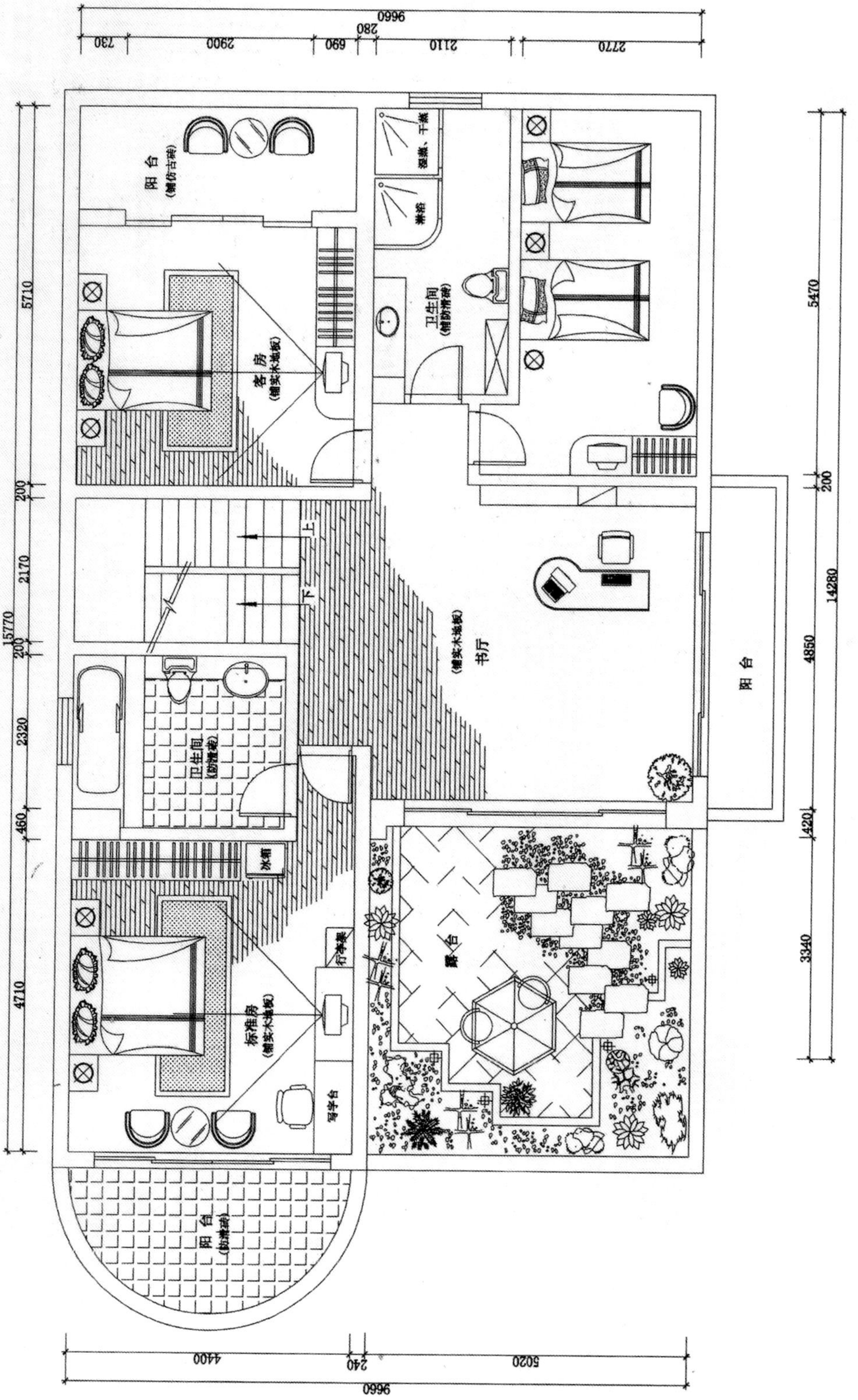

图2-56 三层平面图

（2）抄绘下列手绘室内设计平面图。

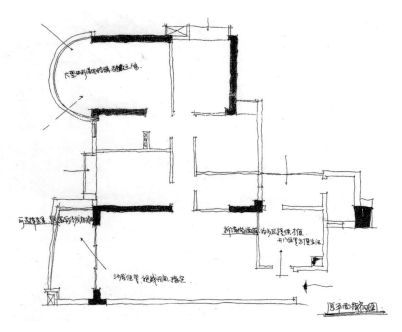

图 2-57　原建筑平面图　（作者：王少斌　林俊贵）

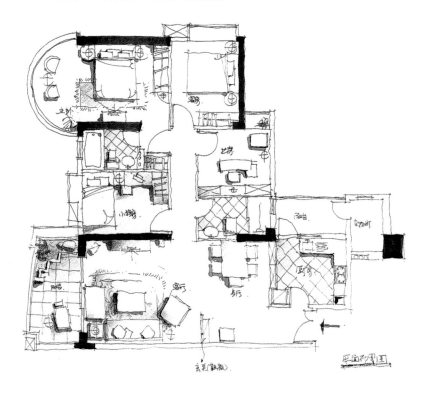

图 2-58　平面布置图　（作者：王少斌　林俊贵）

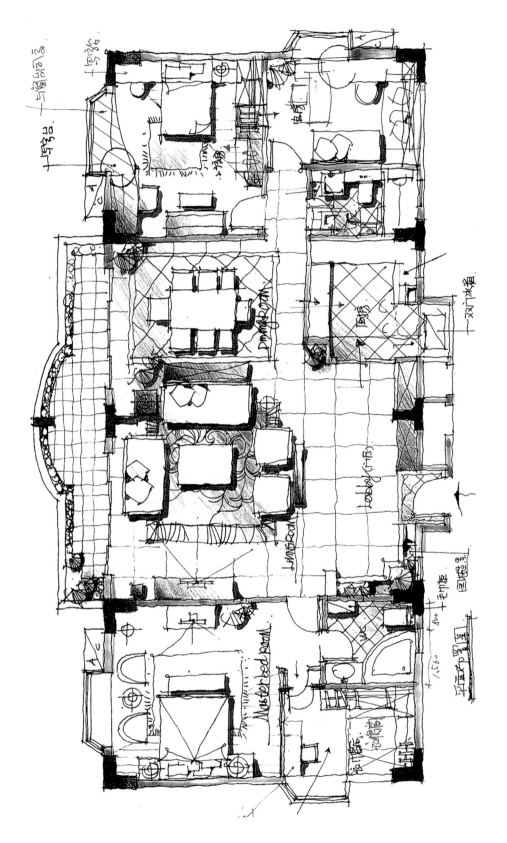

图2-59 平面布置图 （（作者：王小斌 林俊贵）

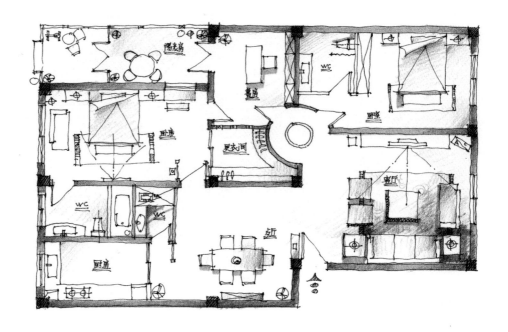

平面布置图1:75

图 2-60 （作者：谢尘）

2.2.2 室内设计方案立、剖面图的手绘表现技法

一个房间是否美观，很大程度上取决于它在室内立面图中主要立面上的艺术处理，包括造型与装修是否优美。立面图通常选择房间中最典型、最具代表性的一个面来表现，如沙发背景墙、电视背景墙、餐厅背景墙、床头背景墙等。

在画立面图时，最好配合其相应墙面的剖面图，这样更能说明此背景墙的结构及装修做法，上色以淡彩为主，配合注释上所用的材料及尺寸规格等。

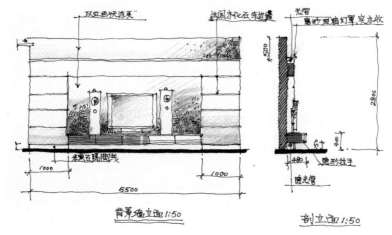

图 2-61 （作者：谢尘）

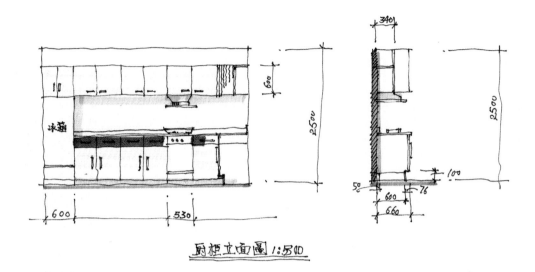

厨柜立面图1:50

图2-62 （作者：谢尘）

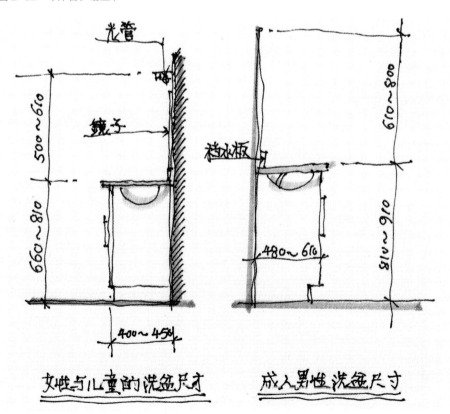

女性与儿童的洗盆尺寸　　成人男性洗盆尺寸

图2-63 （作者：谢尘）

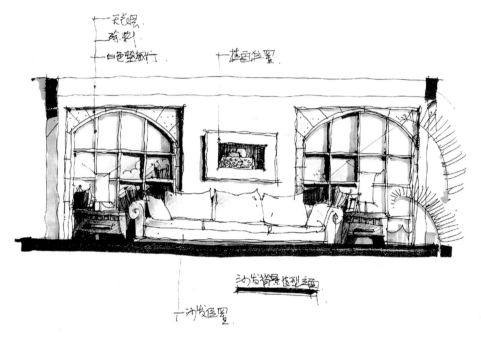

图 2-64 （作者：王少斌　林俊贵）

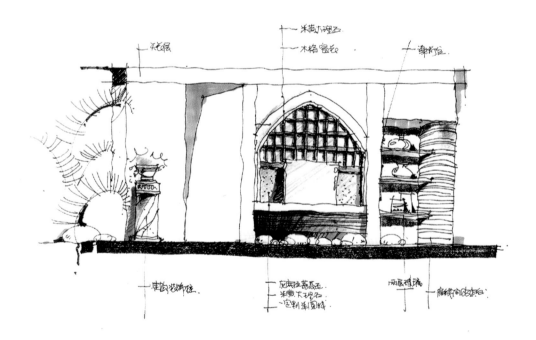

图 2-65 （作者：王少斌　林俊贵）

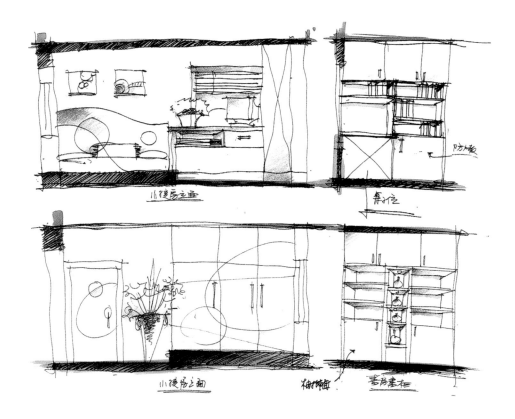

图 2-66 （作者：谢尘）

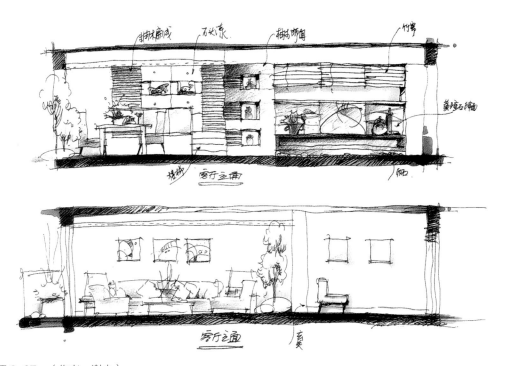

图 2-67 （作者：谢尘）

课后练习：

（1）把下面这幅电脑设计的景观平面图绘成手绘彩色平面图。

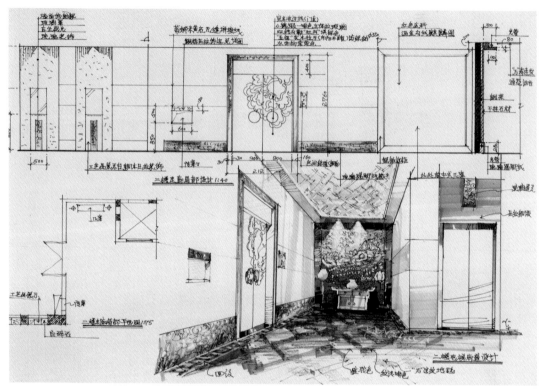

图 2-68　（作者：谢尘）

（2）抄绘完成下面的酒吧立面图。

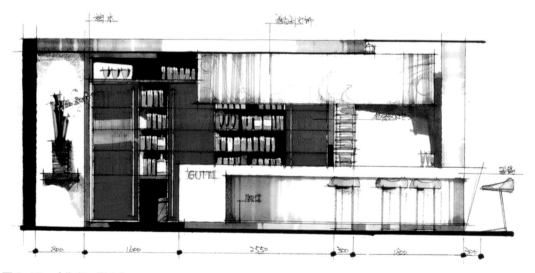

图 2-69　（作者：谢尘）

2.3 室内设计方案效果图的透视表现技法

2.3.1 一点透视画法

2.3.1.1 简单的几何体在室内空间中的画法

"测点法"透视线稿绘制方法和详细步骤（图 2-70 至图 2-73）。

二维码1

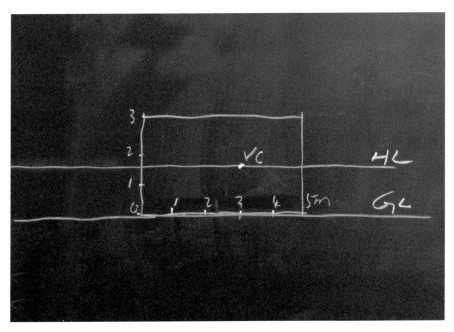

图 2-70 步骤一 （作者：窦学武）

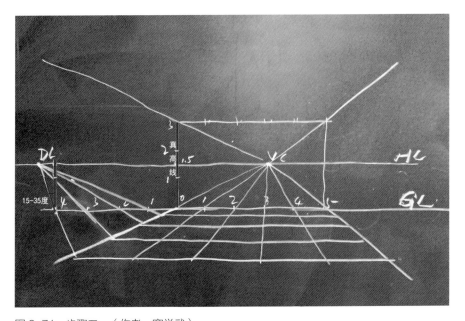

图 2-71 步骤二 （作者：窦学武）

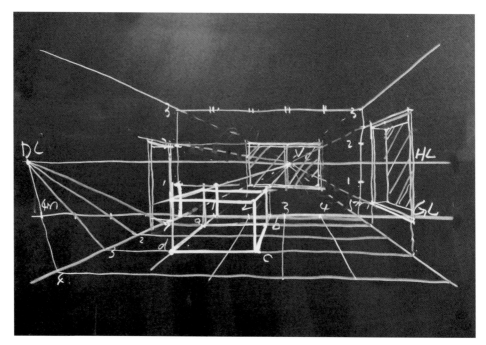

图 2-72　步骤三　（作者：窦学武）

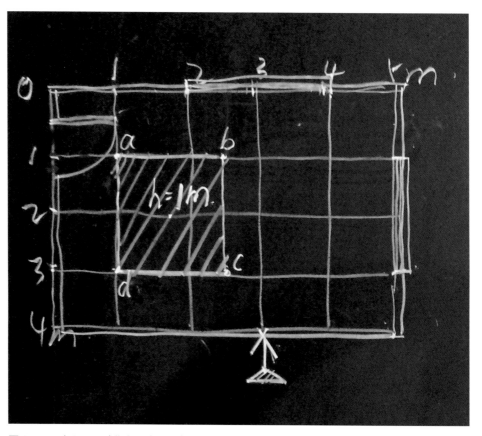

图 2-73　步骤四　（作者：窦学武）

①已知室内平面图是 4 米 ×5 米的尺寸。先画出地面基线（GL），根据经验定好 5 米的室内宽度，等分这 5 米。

②在 0 米处画出垂直于基线的视高线（真高线）3 米高，等分这 3 米。

③随之也就很自然地画出最远处的内墙（一个长方形墙体）。

④确定视平线（HL）的位置，人眼睛的高度一般是 1.5 米，所以视平线就定在 1.5 米左右。

⑤选定灭点（VC）的位置，灭点一般不宜太居中，定在黄金分割点（室内总宽度的 0.618 处比较合适，具体还要依据构图重点表现室内哪部分空间）。

⑥连接灭点（VC）与"0 米"点、"5 米"点以及屋顶最左上角以及最右上角的两个点，并延长确定出透视图的地面左右边界。

⑦在"0 米"点处反向量取进深 4 米的点（根据实际情况，室内空间进深多少米就量取多少米），然后从"4 米"点向斜左上方画线，交视平线于"DL 点"（测点）。需要注意的是向左上方倾斜的角度为 15°~35° 比较合适；连接"DL 点"与"4 米"点，并延长交左边界于一点，由此点画一条水平线，这条线就是画面的最前点。地面的前后左右范围都确定了。

⑧同样的方法由"DL 点"连接 3 米处、2 米处、1 米处，并延长至左边界线上，于是就确定了 3 米处、2 米处、1 米处等相应的各点。画好地面网格，每个方格都是一平方米。

⑨画出方体在地面上的投影位置，找出 a、b、c、d 四个点，由这四个点往上画垂线（方体的四条棱线）。

⑩方体高度的确定。物体所有的高度都以真高线为参照，由真高线引出来。方体高 1 米，就在真高线上找出 1 米的高度，沿左墙底边或内墙底边都可以把 1 米的高度转移到方体上。

2.3.1.2　一组几何体在空间中的一点透视画法解析

三个方体，高度分别是 0.8 米、0.5 米、1.0 米。它们在室内空间中的一点透视画法，如图 2-74、图 2-75 所示。

特别注意：物体所有的高度都以真高线为参照，由真高线引出来。

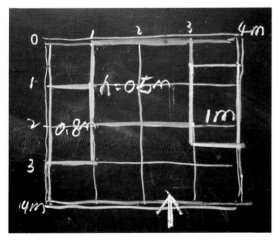

图 2-74 （作者：窦学武）

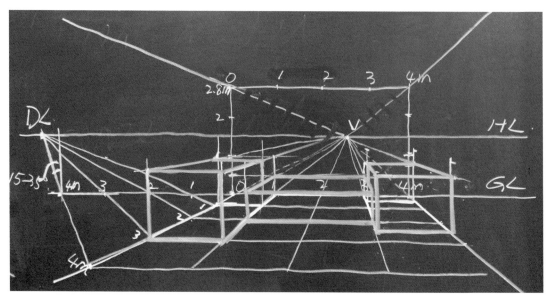

图 2-75 （作者：窦学武）

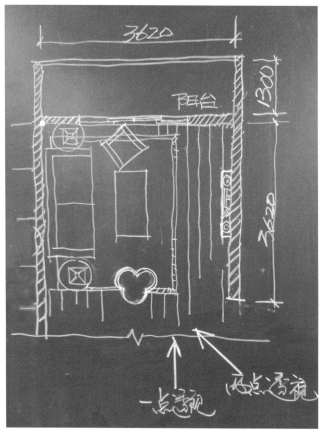

图 2-76 （作者：窦学武）

2.3.1.3　一点透视技法应用

步骤一：根据平面图画效果图

案例解析（图 2-76）。

二维码2

步骤二：单个家具在室内空间中的一点透视画法（图 2-77）。

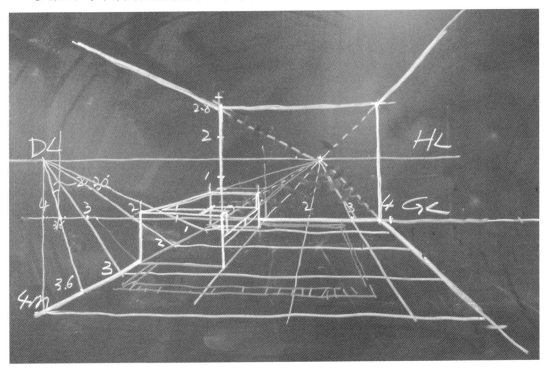

图 2-77 （作者：窦学武）

步骤三：勾画出家具的大体形态（图 2-78）。

图 2-78 （作者：窦学武）

步骤四：深入刻画家具及室内环境（图 2-79）。

图 2-79 （作者：窦学武）

步骤五：最后完善（图 2-80）。

图 2-80 （作者：窦学武）

2.3.2 两点透视画法

2.3.2.1 简单室内空间的两点透视画法

"测点法"透视线稿绘制方法和详细步骤（图 2-81）。

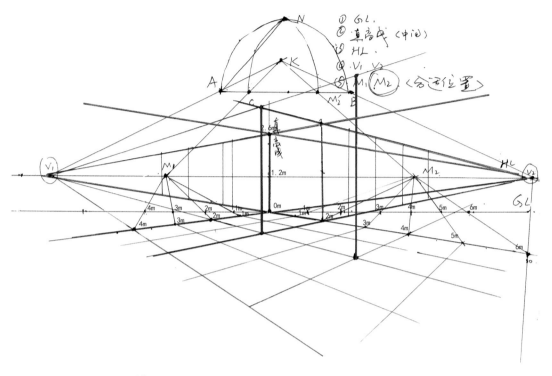

图 2-81 （作者：窦学武）

二维码3

①已知室内平面图是 4 米 ×6 米的尺寸。先画出地面基线（GL），在基线中点附近选定一点作为 0 米处。分别在 0 米的左右定出房间的两个宽度 4 米和 6 米。

②由 0 米点向上作垂线（也就是真高线），定出 2.6 米的房间高度。

③在房间中间高度位置附近定好视平线（HL）。

④在视平线两端合适位置定出两个灭点（V_1、V_2）；连接 V_1 和 0 米点并延长，连接 V_2 和 0 米点并延长，先确定出定面左右两条边界。

⑤在 V_1 与真高线之间合适位置（一般是离 V_1 点近一些）确定第一个测点 $M1$。

⑥在视平线上方合适位置定一点"K"；连接"K"点和"V_1"点、"K"点和"M_1"点、"K"点和"V_2"点；在视平线上方合适位置作视平线的平行线（HL 和"K"点之间偏上位置），分别交得"A""B""C"三点。

⑦以 AB 为直径画圆；以 BC 为半径画圆交得“N”点，以 AN 为半径画圆交 AB 线于“M_2'”点；连接“K”和“M_2'”点并延长交视平线（HL）于“M_2”，确定第二个测点 M_2。

⑧ M1 与左侧 1 米、2 米、3 米、4 米点处连接并延长交边界线，就得出了透视状态下的左侧边界上 1 米、2 米、3 米、4 米的位置；同样利用 M_2 点可得出右侧边界线上 5 米、10 米、15 米、20 米、25 米、30 米的位置。

⑨画出地面透视网格。

⑩图中三条红色的垂线高度都是 2.6 米。

2.3.2.2　两点透视技法应用

步骤一：根据平面图画效果图案例解析（图 2-82、图 2-83）。

步骤二：勾画出家具的大体形态（图 2-84）。

步骤三：深入刻画家具及室内环境（图 2-85）。

二维码4

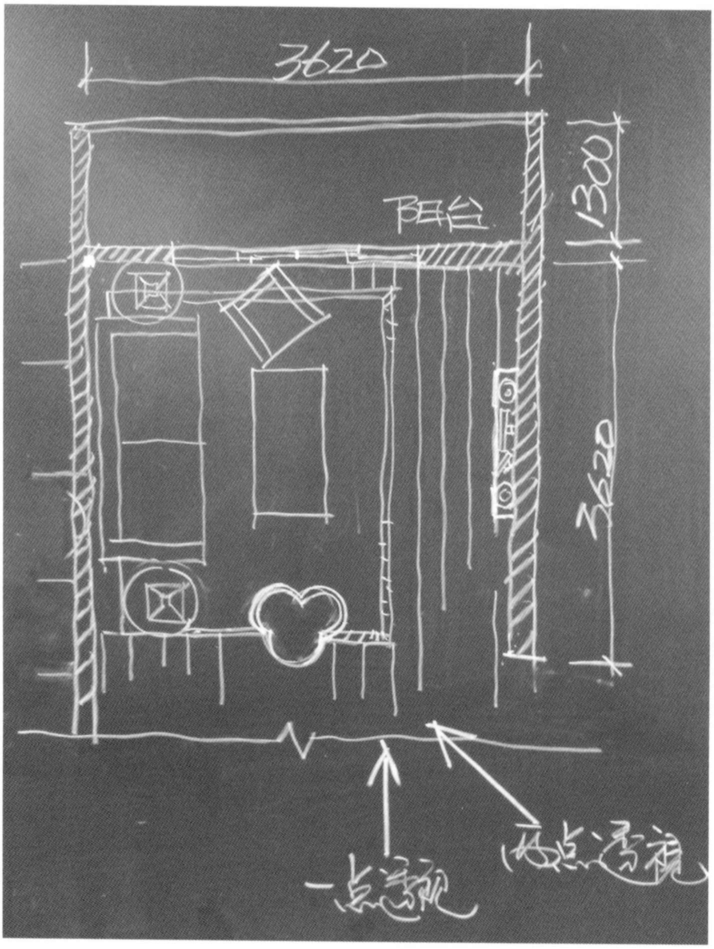

图 2-82　（作者：窦学武）

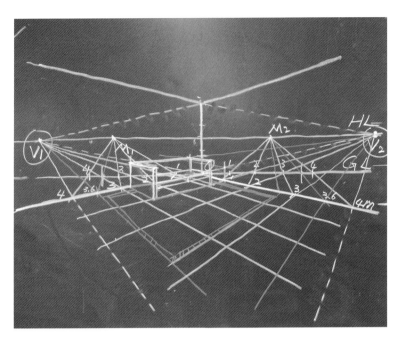

图 2-83 （作者：窦学武）

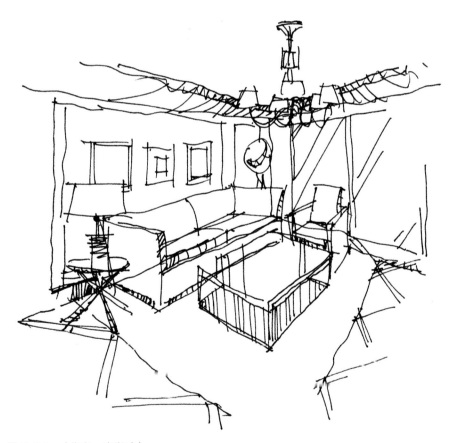

图 2-84 （作者：窦学武）

图 2-85 （作者：窦学武）

二维码5

3 |

任务实践

3.1 任务实践一

方案设计——上海某住宅小区 88 平方米两居室手绘设计方案

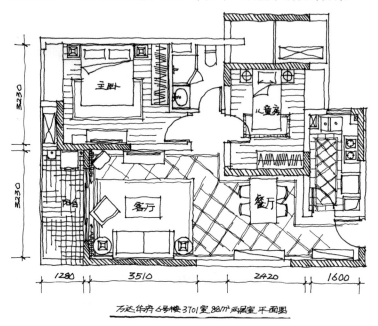

图 3-1 88 平方米两居室手绘平面图 （作者：窦学武）

效果图一：客厅效果图

交房客厅实景照片。

图 3-2 （拍摄：窦学武）

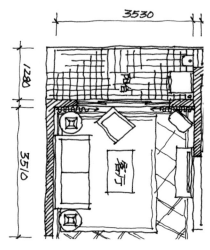

图 3-3

该客厅的一点透视画法：运用一点透视画法中的"测点法"绘制透视线稿。

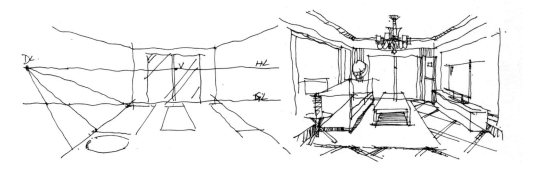

图 3-4　在地面上画出家具的水平投影位置，根据家具的常用尺寸，定出家具的高度　（作者：窦学武）

图 3-5　添加灯具、软装饰等，画出光影，深入刻画　（作者：窦学武）

图 3-6　用马克笔和彩铅上色，画出大体效果，注意灯光及地面光影的刻画　（作者：窦学武）

该客厅的两点透视画法：运用两点透视画法中的"测点法"绘制透视线稿。

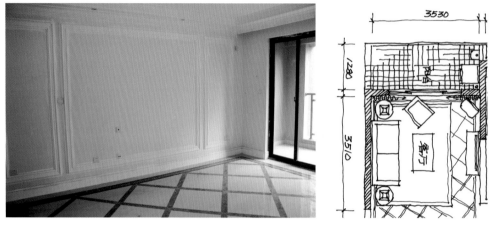

图 3-7 （拍摄：窦学武）　　　　　　　　　　　　　　　图 3-8

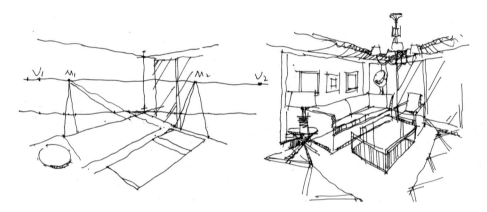

图 3-9　在地面上画出家具的水平投影位置，根据家具的常用尺寸，定出家具的高度　（作者：窦学武）

图 3-10　添加灯具及软装饰等，同时画出家具在地面上的光影效果，深入刻画　（作者：窦学武）

效果图二：餐厅效果图

交房实景照片。

该餐厅的两点透视画法。

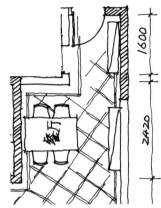

图 3-11 （拍摄：窦学武）   图 3-12

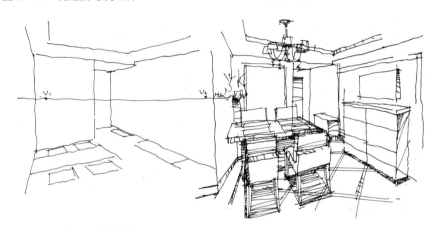

图 3-13 （作者：窦学武）

图 3-14 （作者：窦学武）

图 3-15　（作者：窦学武）

效果图三：主卧室效果图

交房主卧实景照片。

该主卧室的两点透视画法。

图 3-16　（拍摄：窦学武）　　　　　　　图 3-17

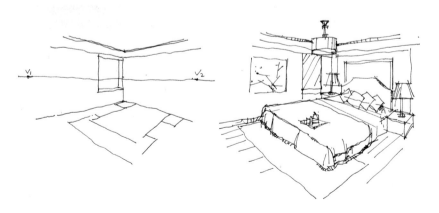

图 3-18　（作者：窦学武）

图 3-19 （作者：窦学武）

图 3-20 （作者：窦学武）

效果图四：儿童房效果图

交房儿童房实景照片。

 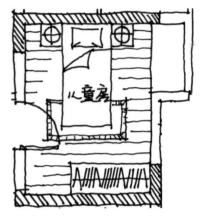

图 3-21 （拍摄：窦学武）　　　　图 3-22

图 3-23 （作者：窦学武）

3.2　任务实践二

方案设计——上海某住宅小区 116 平方米三居室手绘设计方案

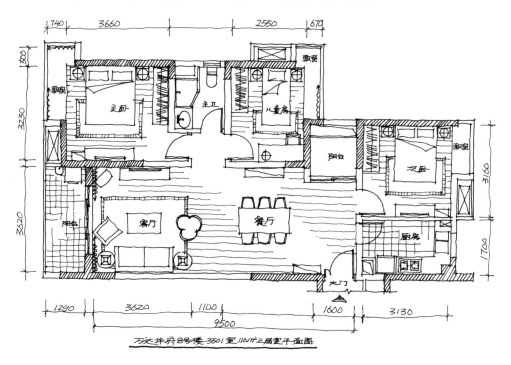

图 3-24　116 平方米三居室手绘平面图　（作者：窦学武）

效果图一：客厅效果图

交房客厅实景照片。

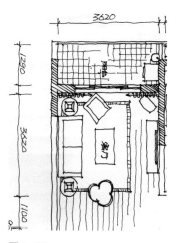

图 3-25　（拍摄：窦学武）

图 3-26

该客厅的两点透视画法。

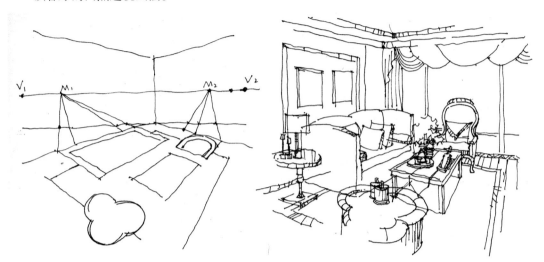

图 3-27 （作者：窦学武）

图 3-28 （作者：窦学武）

图 3-29　（作者：窦学武）

效果图二：卧室效果图

交房次卧实景照片。

次卧的两点透视画法：用较复杂的找 M_1、M_2 的方法画得的效果图，前期工作如下。

图 3-30　（拍摄：窦学武）

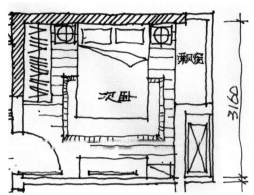

图 3-31

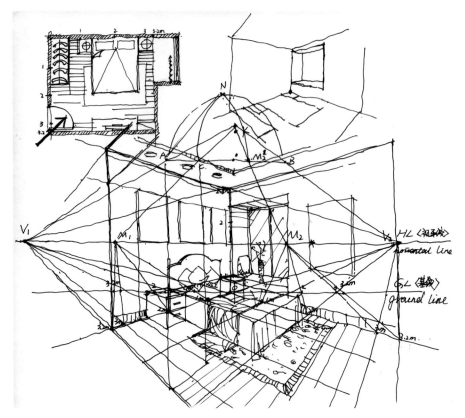

图 3-32 （作者：窦学武）

图 3-33 （作者：窦学武）

图 3-34　（作者：窦学武）

　　厨卫效果图画法。

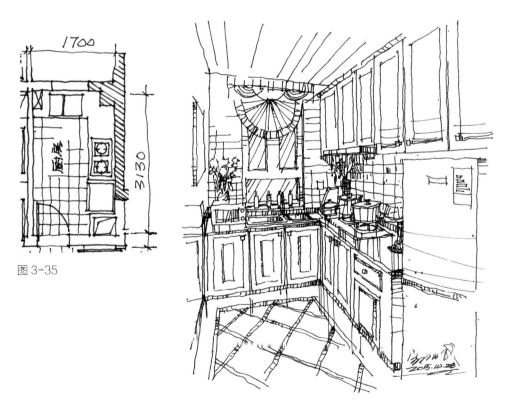

图 3-35

图 3-36　（作者：窦学武）

图 3-37 （作者：窦学武）

图 3-38

图 3-39 （作者：窦学武）

3.3　任务实践三

方案设计——广州某别墅住宅室内手绘设计方案

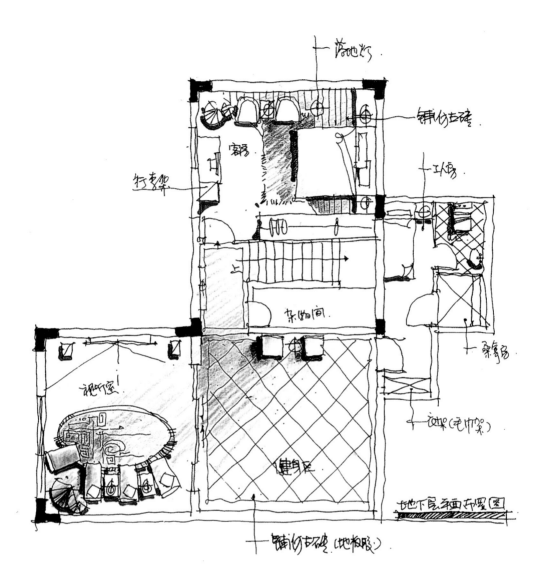

地 下 层 平 面 图

图3-40　（作者：王少斌　林俊贵）

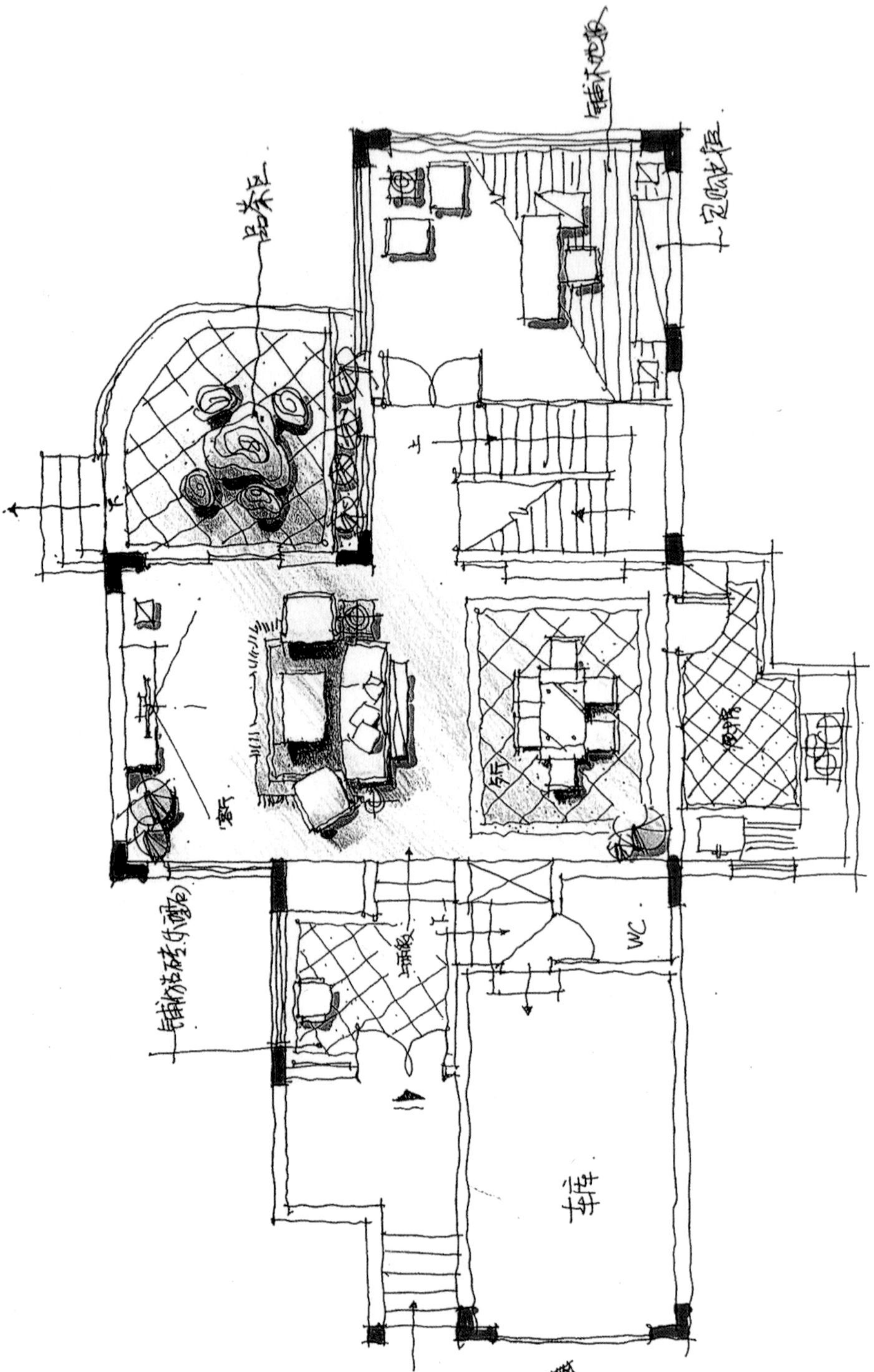

一层平面图

图 3-41 （作者：王少斌 林俊贵）

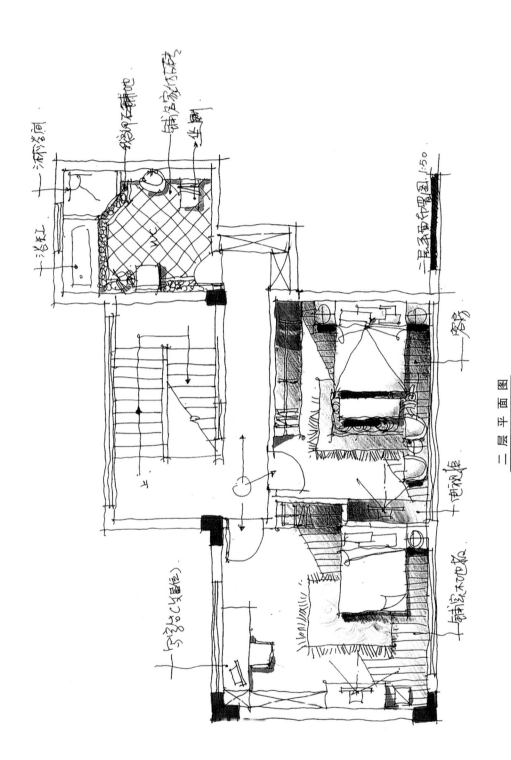

二 层 平 面 图

图 3-42 （作者：王少斌 林俊贵）

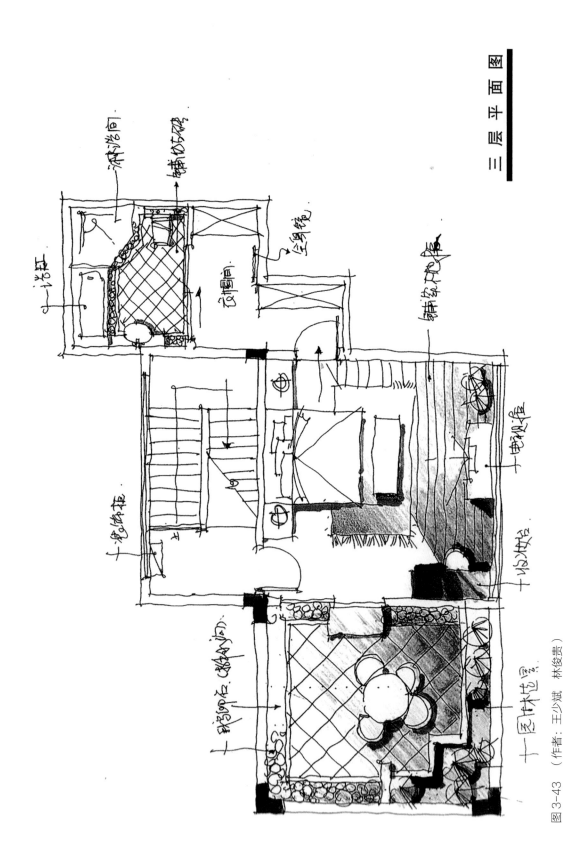

三层平面图

图3-43 （作者：王少斌 林俊贵）

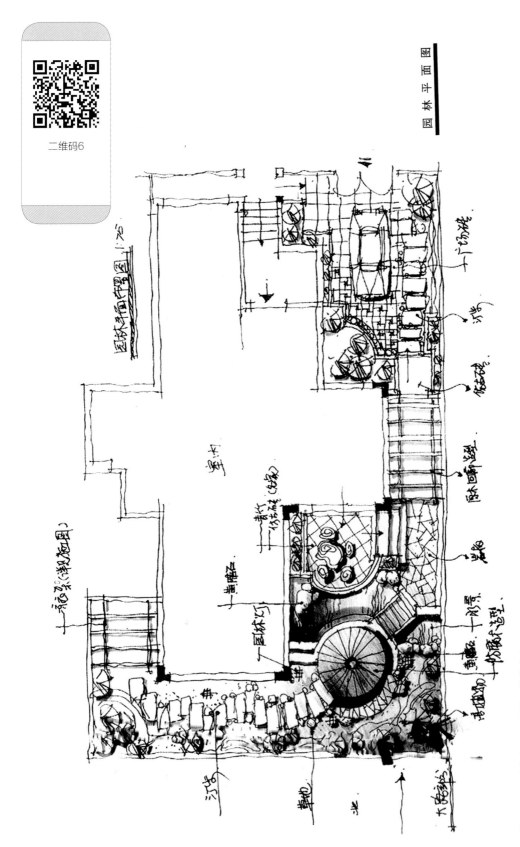

园林平面图

二维码6

图3-44 （作者：王少斌 林俊贵）

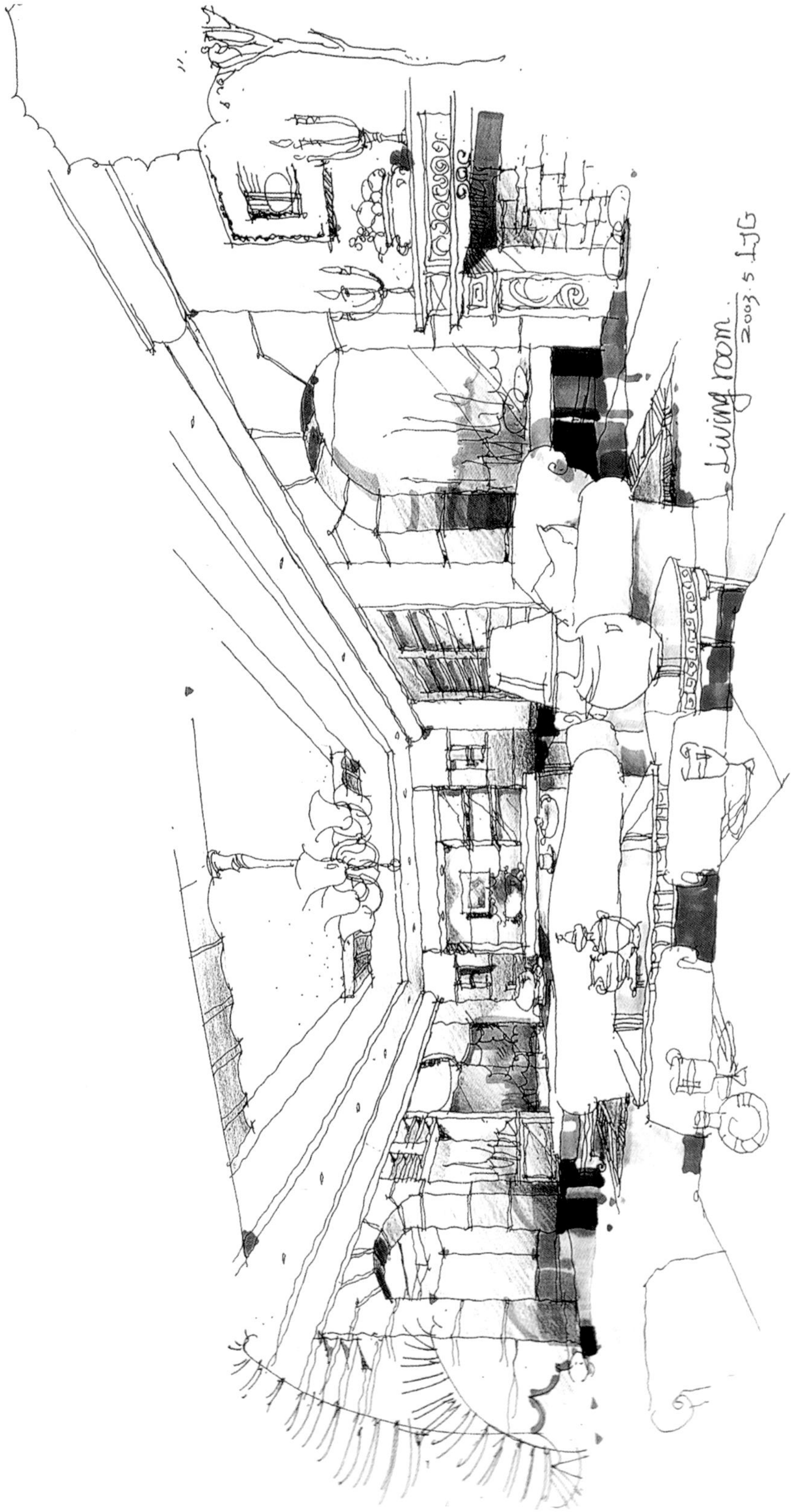

图 3-45 （作者：王少斌 林俊贵）

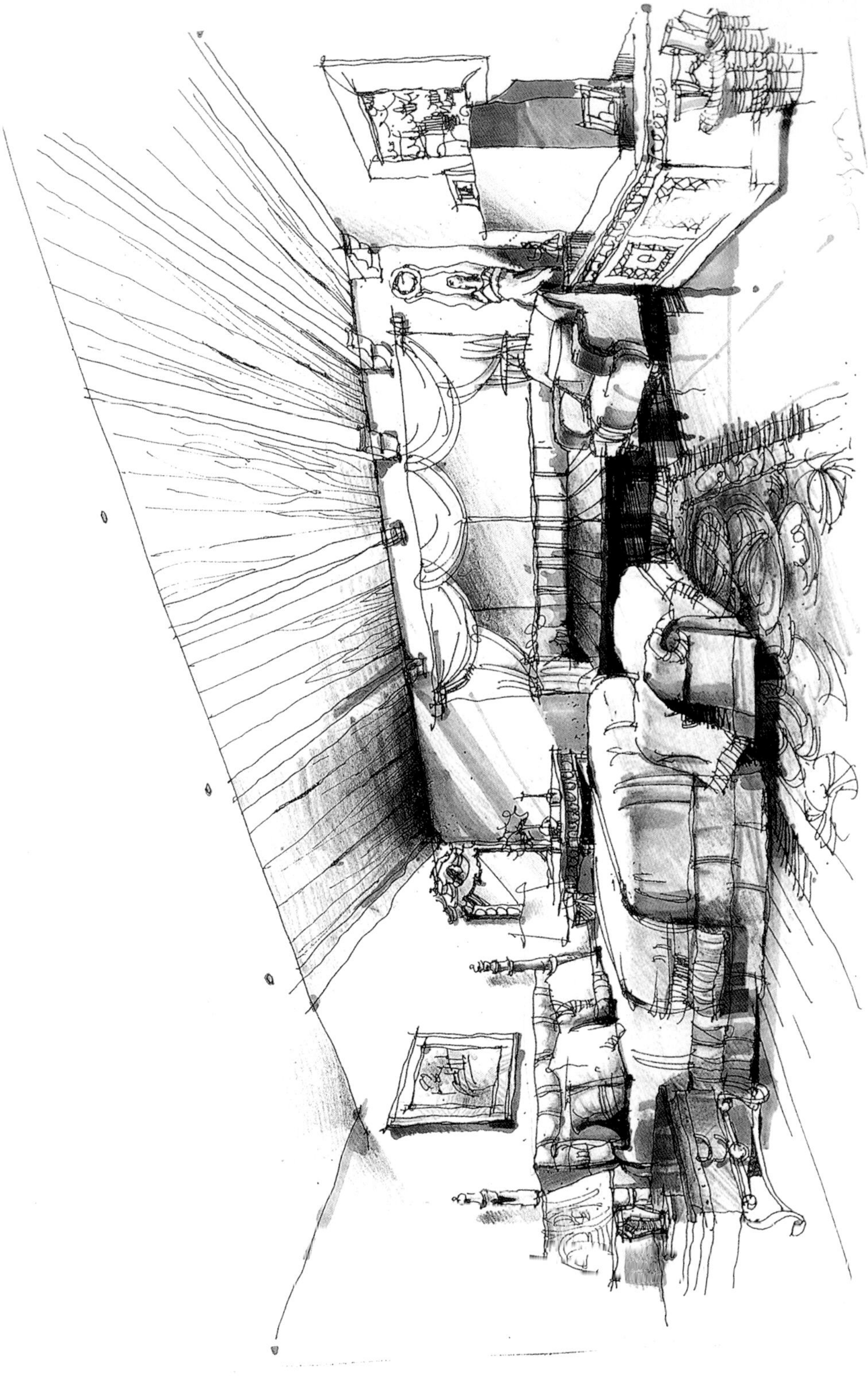

图 3-46 （作者：王少斌 林俊贵）

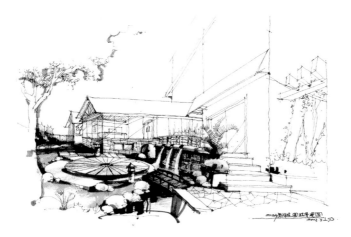

图 3-47 （作者：王少斌 林俊贵）

3.4 任务实践四

方案设计——广州某别墅住宅室内手绘设计方案

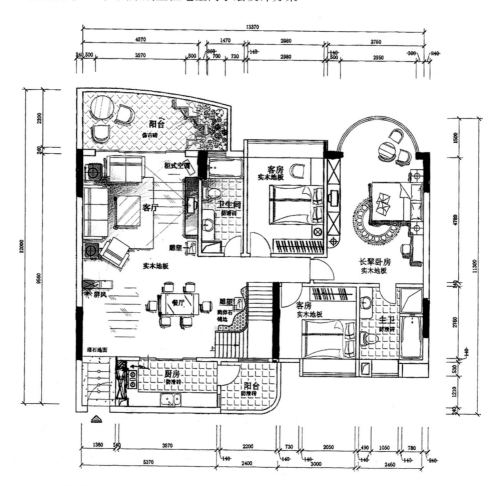

图 3-48 一层平面图

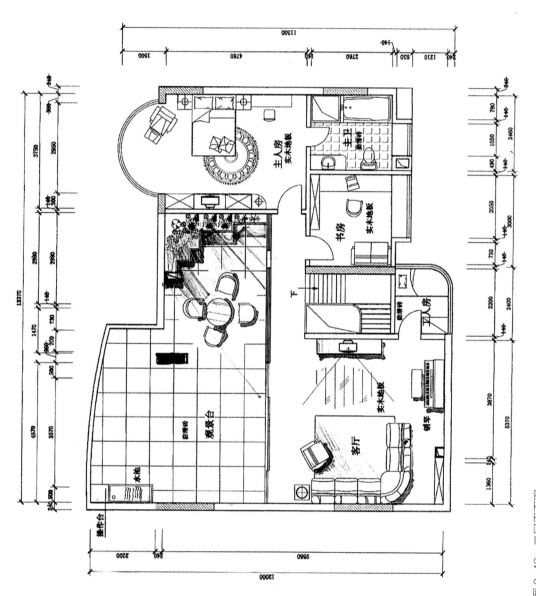

图 3-49 二层平面图

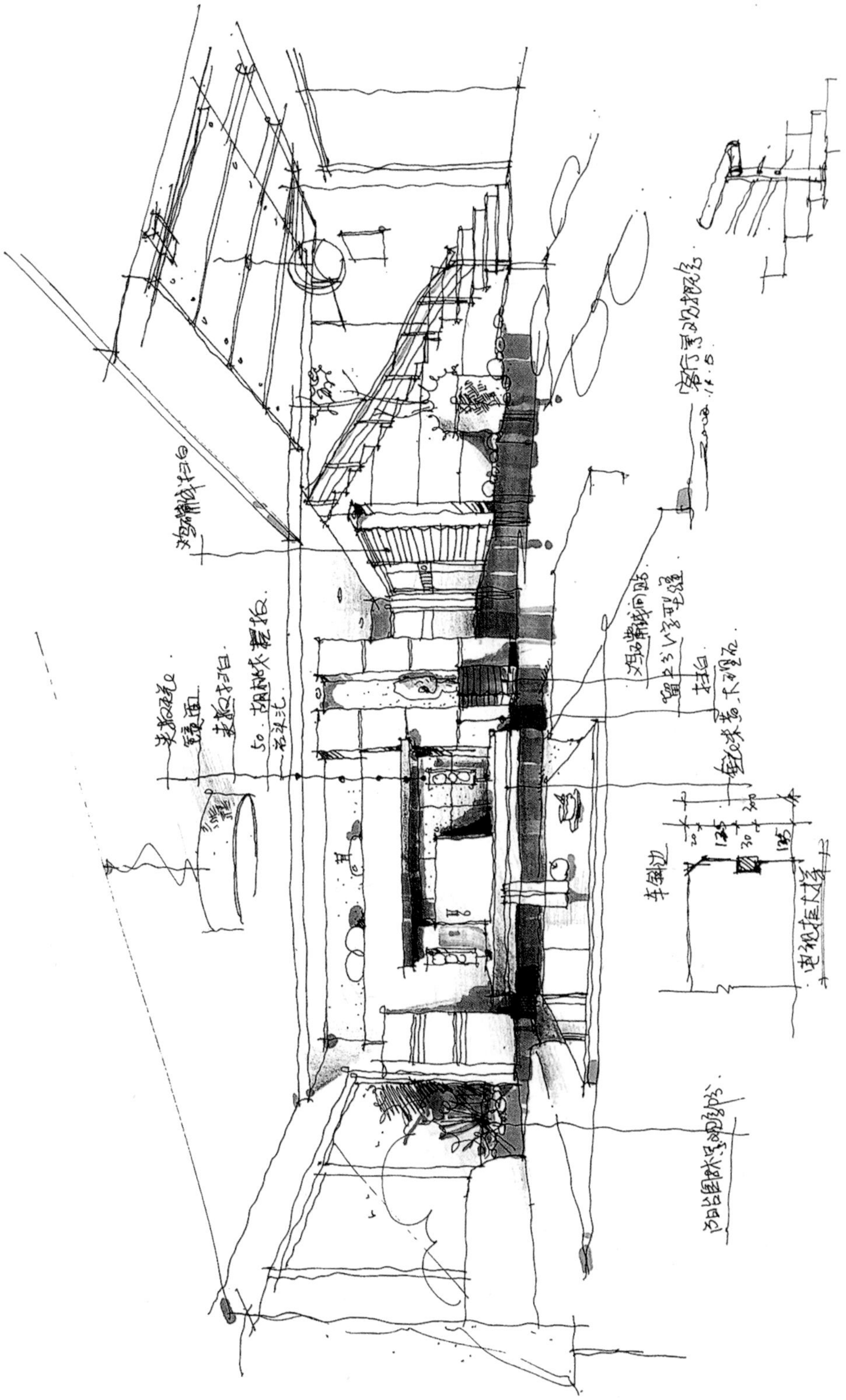

图 3-50 （作者：林俊贵）

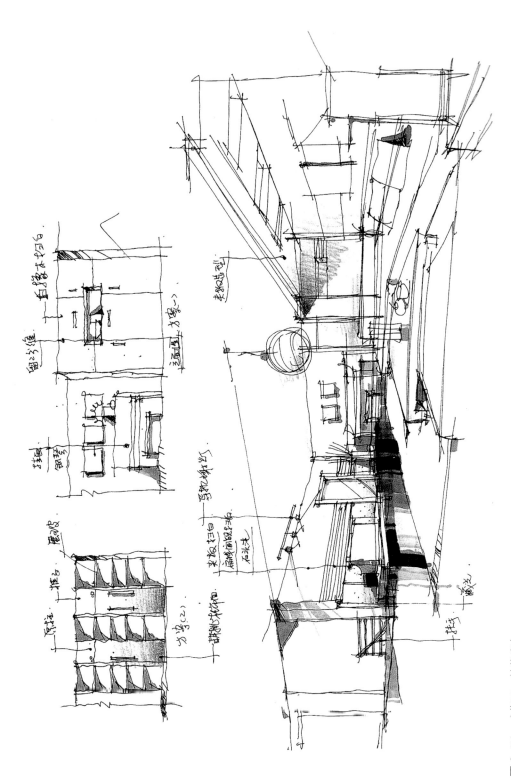

图 3-51 （作者：林俊良）

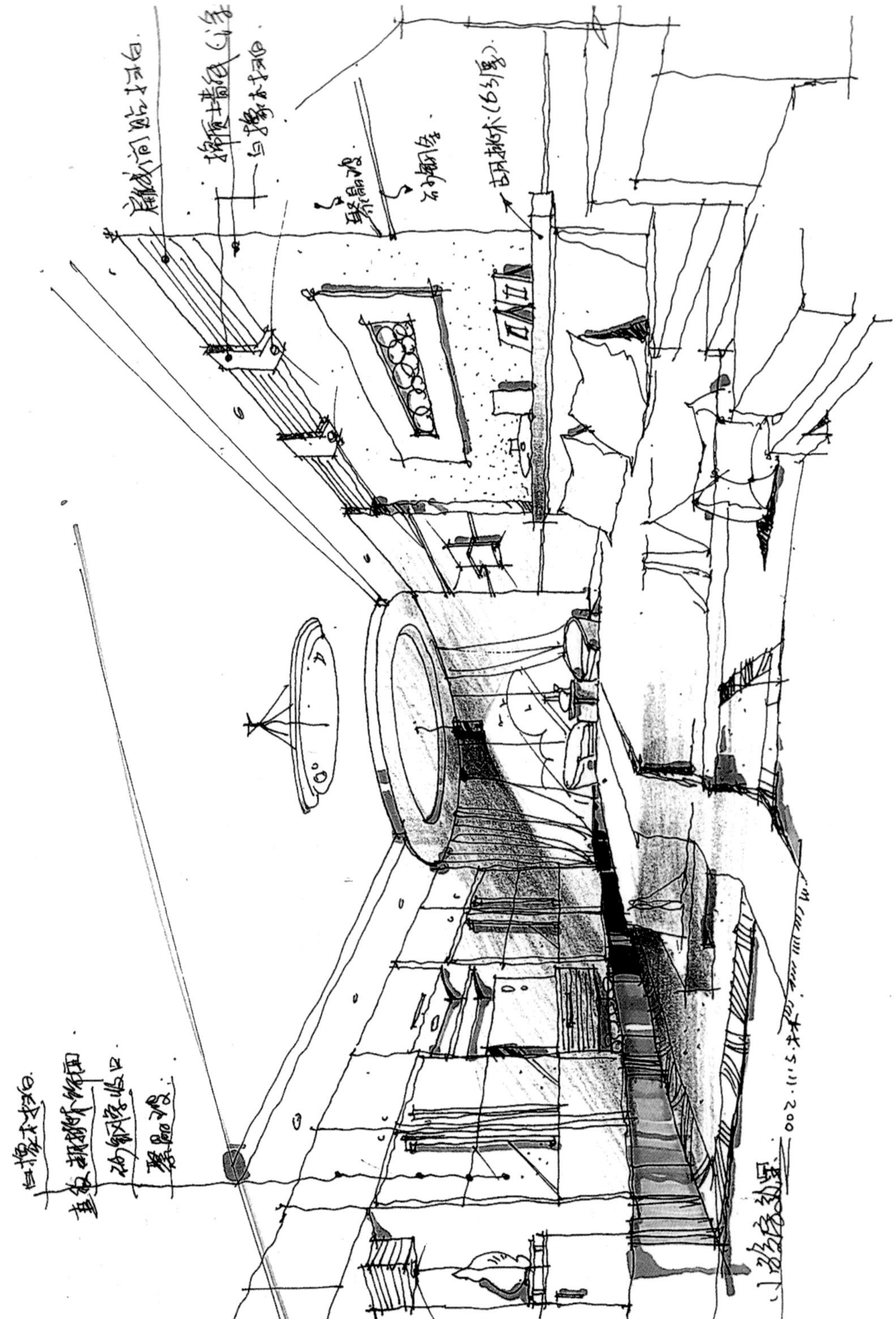

图3-52 （作者：林俊贵）

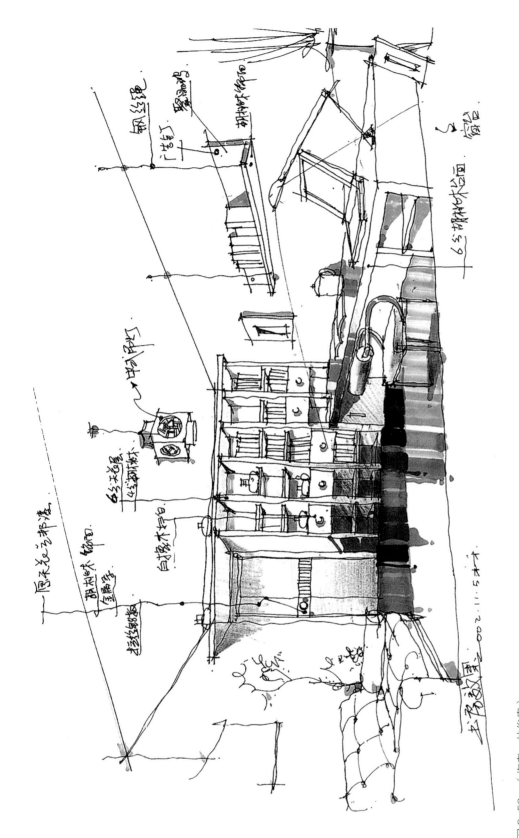

图 3-53 （作者：林俊贵）

图3-54 （作者：林俊贵）

课后练习：

分别用一点透视和两点透视绘制如下平面图中客厅、餐厅、主卧和儿童房的效果图。

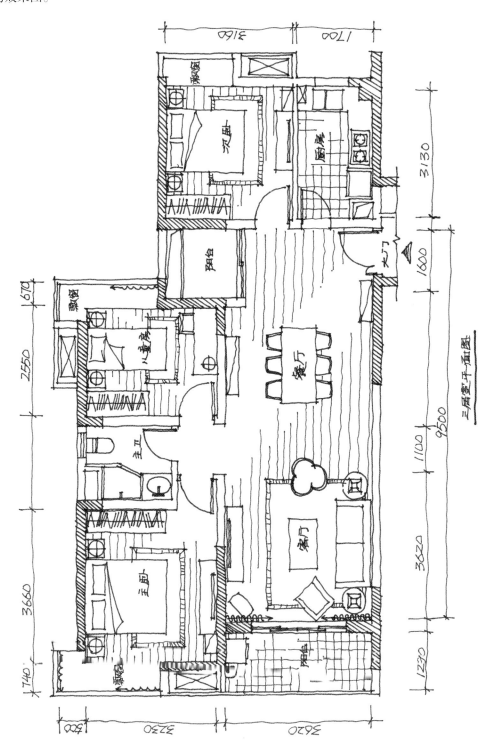

图3-55 （作者：窦学武）

图 3-56　客厅、餐厅实景图　（拍摄：窦学武）

图 3-57　主卧实景图　（拍摄：窦学武）

4|

作品赏析

4.1　商业空间表现

图4-1　（作者：许树贤）

图4-2 （作者：高贞友）

图4-3 （作者：谢尘）

图 4-4 （作者：刘宇）

图 4-5 （作者：杨健）

图 4-6 （作者 杨健）

4.2 居住空间表现

图 4-7 （作者：王少斌）

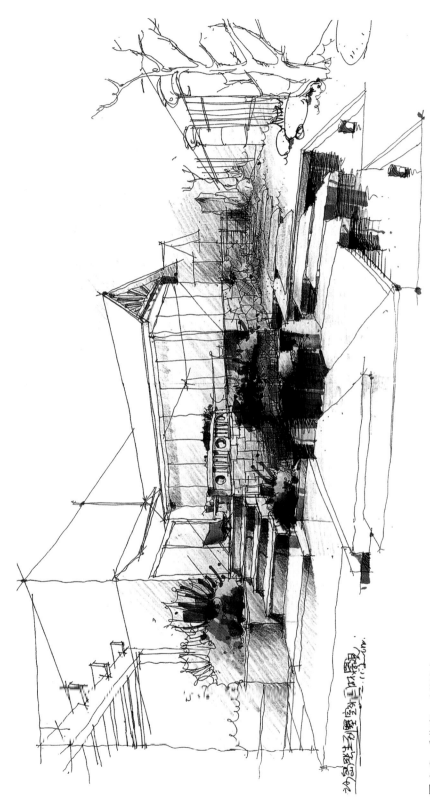

图4-8 （作者：寺俊贵）

图 4-9 （作者：许树贤）

图4-1（作者：许树贤）

图 4-11 （作者：许树贤）

图4-12 （二年考 朝尘）

图 4-13 （作者：谢尘）

图 4-14 （作者：谢尘）

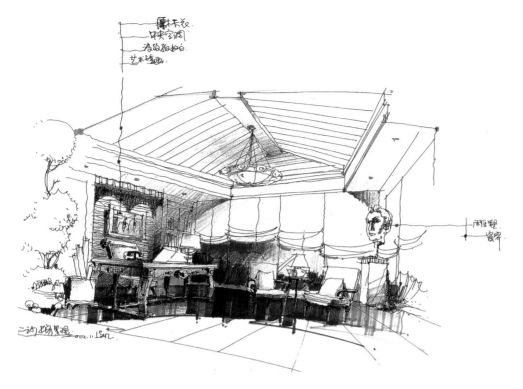

图 4-15 （作者：林俊贵）

图 4-16 （作者：王少斌）

图 4-17 （作者：林俊贵）

图 4-18 （作者：林俊贵）

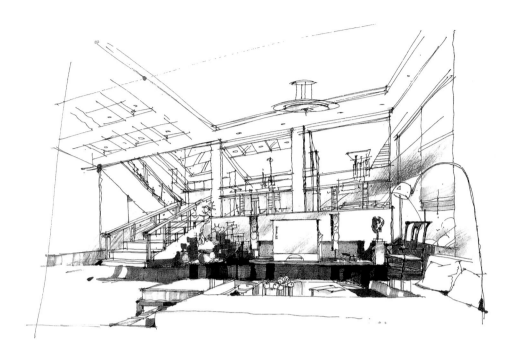

图 4-19 （作者：林俊贵）

图 4-20 （作者：王少斌）

图 4-21 （作者：王少斌）

图 4-22

图 4-23　（作者：Jeremiah Goodman）

图 4-24 （作者：陈有原）

图4-25 （作者：沙沛）

图 4-26 （作者：沙沛）

图 4-27 （作者：陈红卫）

图 4-28 （作者：陈红卫）

参考文献
REFERENCES

［1］谢尘.完全绘本——室内设计手绘效果图步骤详解［M］.武汉：湖北美术出版社，2011.

［2］王少斌，林俊贵.家居空间设计手绘案例［M］.沈阳：辽宁科学技术出版社，2004.

［3］杨健.室内陈设徒手表现法［M］.沈阳：辽宁科学技术出版社，2007.

［4］文健，周启凤，胡娉.手绘效果图表现技法［M］.北京：清华大学出版社，2013.

［5］许树贤，陈有原.室内外效果图表现技法［M］.北京：中国轻工业出版社，2012.

［6］刘宇，马振龙.现代环境艺术表现技法教程［M］.北京：中国计划出版社，2007.

［7］夏克梁.建筑钢笔画：夏克梁建筑写生体验［M］.沈阳：辽宁美术出版社，2009.

［8］窦学武.景观设计手绘效果图表现［M］.重庆：重庆大学出版社，2014.